"创新设计思维"
数字媒体与艺术设计类新形态丛书

Animate CC
动画制作 标准教程

微课版

互联网＋数字艺术教育研究院 ◎ 策划

饶彬 李轶天 ◎ 主编

罗群 马经权 ◎ 副主编

人民邮电出版社
北 京

图书在版编目（CIP）数据

Animate CC 动画制作标准教程：微课版 / 饶彬，
李轶天主编. -- 北京：人民邮电出版社，2021.11
（"创新设计思维"数字媒体与艺术设计类新形态丛
书）
ISBN 978-7-115-56342-2

Ⅰ. ①A… Ⅱ. ①饶… ②李… Ⅲ. ①动画制作软件—
教材 Ⅳ. ①TP391.414

中国版本图书馆CIP数据核字(2021)第063440号

内 容 提 要

本书全面系统地介绍了使用 Animate CC 2019 制作动画的基本操作方法和网页动画的制作技巧。
全书共 14 章，主要内容包括 Animate CC 2019 基础入门，图形的绘制与编辑，对象的编辑与修饰，文
本的编辑，外部素材的应用，元件和库，基本动画的制作，层与高级动画，声音素材的导入和编辑，
动作脚本的应用，制作交互式动画，组件和动画预设，测试、优化、调试、输出和发布，商业案例实
训等。

本书将案例与软件功能讲解结合，详细介绍了动画制作的基础知识和 Animate CC 2019 的基本操
作，还精心设计了大量的课堂案例、课堂练习和课后习题，便于读者快速掌握软件的应用技巧，拓展
实际应用能力。在本书的最后一章，精心安排了专业设计公司的 4 个精彩实例，力求通过这些实例的
制作，提高读者制作网页动画的能力。

本书适合作为普通高等院校动画制作相关课程的教材，也适合作为动画创作人员学习 Animate 应
用的参考书。

◆ 主　　编　饶　彬　李轶天
　　副主编　罗　群　马经权
　　责任编辑　许金霞
　　责任印制　王　郁　马振武

◆ 人民邮电出版社出版发行　　北京市丰台区成寿寺路 11 号
　　邮编　100164　电子邮件　315@ptpress.com.cn
　　网址　https://www.ptpress.com.cn
　　北京天宇星印刷厂印刷

◆ 开本：787×1092　1/16
　　印张：17.75　　　　　　　　2021 年 11 月第 1 版
　　字数：506 千字　　　　　　2024 年 8 月北京第 3 次印刷

定价：59.80 元

读者服务热线：(010)81055256　印装质量热线：(010)81055316
反盗版热线：(010)81055315
广告经营许可证：京东市监广登字 20170147 号

前言 / FOREWORD

编写目的

Animate 是由 Adobe 公司开发的动画制作软件，其功能强大、易学易用，深受网页制作爱好者和动画设计人员的喜爱。Animate CC 在维持原有 Flash 开发工具的功能外新增 HTML 5 创作工具，为网页开发者提供更适应现有网页应用的音频、图片、视频、动画等创作支持。为了让读者能够快速且牢固地掌握 Animate 软件，同时帮助高校教师全面系统地讲授 Animate 动画制作的课程，我们几位长期在本科院校从事 Animate 教学的教师和专业影视制作公司经验丰富的设计师合作，共同编写了本书。

内容特点

本书章节内容按照"课堂案例—软件功能解析—课堂练习—课后习题"这一思路进行编排，且在本书最后一章设置了专业设计公司的 4 个精彩实例，以帮助读者综合应用所学知识。

课堂案例：精心挑选课堂案例，通过对课堂案例的详细解析，使读者快速掌握软件的基本操作，熟悉案例设计的基本思路。

软件功能解析：在对软件的基本操作有了一定的了解后，再通过对软件具体功能的详细解析，使读者系统地掌握软件各功能的应用方法。

课堂练习和课后习题：为帮助读者巩固所学知识，本书设置了"课堂练习"以提升读者的设计能力，还设置了难度略有提升的"课后习题"，以拓展读者的实际应用能力。

确设计目标，结知识要点

选教学案例，材资源丰富

步拆解案例，述操作方法

课堂边学边练，提升设计能力

扫码观看操作，实操边学边练

课后强化训练，拓展应用能力

FOREWORD

学时安排

本书的参考学时为 56 学时，讲授环节为 30 学时，实训环节为 26 学时。各章的参考学时参见以下学时分配表。

章　　节	课 程 内 容	学时分配/学时	
		讲　授	实　训
第 1 章	Animate CC 2019 基础入门	1	
第 2 章	图形的绘制与编辑	1	
第 3 章	对象的编辑与修饰	2	
第 4 章	文本的编辑	2	2
第 5 章	外部素材的应用	2	2
第 6 章	元件和库	4	2
第 7 章	基本动画的制作	4	2
第 8 章	层与高级动画	2	2
第 9 章	声音素材的导入和编辑	4	2
第 10 章	动作脚本的应用	1	2
第 11 章	制作交互式动画	1	4
第 12 章	组件和动画预设	1	2
第 13 章	测试、优化、调试、输出和发布	1	2
第 14 章	商业案例实训	4	4
学时总计/学时		30	26

资源下载

为方便读者线下学习及教学，书中所有案例的微课视频、基础素材和效果文件，以及教学大纲、PPT课件、教学教案等资料，读者可登录人邮教育社区（www.ryjiaoyu.com），在本书页面中免费下载使用。

基础素材　　　效果文件　　　微课视频　　　PPT 课件　　　教学大纲　　　教学教案

致　　谢

本书由互联网+数字艺术教育研究院策划，由饶彬、李铁天任主编，罗群、马经权任副主编。另外，相关专业制作公司的设计师为本书提供了很多精彩的商业案例，在此表示感谢。

编　者

2021 年 8 月

目录

CONTENT

CONTENT

CONTENT

CONTENT

第 1 章
Animate CC 2019
基础入门

本章将详细讲解 Animate CC 2019 的基本知识和基本操作。通过学习本章，读者应对 Animate CC 2019 有初步的认识和了解，并掌握软件的基本操作方法和技巧，为以后的学习打下坚实的基础。

课堂学习目标

- 了解 Animate 的应用领域
- 了解 Animate CC 2019 的新增功能
- 了解 Animate CC 2019 的操作界面
- 掌握文件操作的方法和技巧
- 了解 Animate CC 2019 的系统配置

1.1 Animate 概述

Animate 是 Adobe 公司推出的一款功能强大的动画设计制作软件，应用 Animate 可以设计制作出丰富的交互式矢量动画和位图动画，这些动画可以应用于动画影片、广告设计、网站设计、教学设计、游戏设计等领域。Animate 还可以将动画发布到多种平台，供人们在电视、计算机、移动设备上浏览。

1.2 Animate 的应用领域

随着互联网和 Animate 的发展，Animate 动画技术的应用越来越广泛，其应用涉及动画影片、广告设计、网站设计、教学设计、游戏设计等领域。下面分别介绍 Animate 动画技术的主要应用领域。

1.2.1 动画影片

Animate 作为动画影片的主要制作软件，可以制作出精美的矢量动画作品。使用 Animate 制作的动画作品内涵丰富、创造性强、生动有趣，有很多家喻户晓的动画影片就是使用 Animate 制作的，如图 1-1 所示。

图 1-1

1.2.2 广告设计

网络广告因其覆盖面广、投放灵活、互动性强等特点，在信息传播方面有着非常大的优势，因而得到了广泛应用。Animate 中有很多广告模板，包括弹出式广告、告示牌广告、全屏广告、横幅广告等，应用 Animate 可以设计制作出丰富多样的动画广告，如图 1-2 所示。

图 1-2

1.2.3 网站设计

为了增加网站的动态效果和交互性，增强视觉表现力，可以使用 Animate 设计制作网站，包括制作引导页，为 Logo 和 Banner 添加动画效果，制作网页等，如图 1-3 所示。

图 1-3

1.2.4　教学设计

随着教育信息化的不断发展，Animate 在教学设计中得到了广泛的应用。使用 Animate 可以设计制作标准教学演示动画，也可以制作与开发交互式课件，其制作的作品体积较小、表现生动、交互性强，如图 1-4 所示。

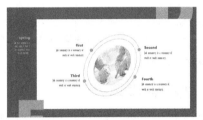

图 1-4

1.2.5　游戏设计

使用 Animate 设计制作的游戏种类丰富、风格新颖、体积较小、互动性强且操作便捷，游戏种类包括益智类、设计类、棋牌类、休闲类等，如图 1-5 所示。

图 1-5

1.3　Animate CC 2019 的新增功能

Adobe Animate CC 2019 是由原 Adobe Flash Professional CC 更名而来，简称 An CC 2019。Animate CC 2019 在保持 Flash 原有功能之外还新增了多个功能，下面就来详细地介绍。

1.3.1　图像矢量化

在 Animate CC 2019 中，使用图像描摹命令可以将栅格图像（如 JPEG、PNG、PSD 等）转换为更易编辑的矢量图稿，从而得到画质更高的图像。此功能可以从一系列描摹预设中选择图像，从而快速获得需要的效果。例如，可以将在纸上绘制的素描图像轻松地转换为矢量图稿。

1.3.2 音频分割

使用 Animate CC 2019，可以将边下载边播放的"流式"音频分割成多个音频并保留其效果。

1.3.3 图像处理改进

在 Animate CC 2019 中，打开"发布设置"对话框，取消勾选"导出为纹理"和"将图像合并到 Sprite 表中"复选框，可以将 Canvas 文档中导入的所有图像按原样导出，而且不会更改其大小。

1.3.4 画笔镜像

在 Animate CC 2019 中，"橡皮擦"工具和"画笔"工具的功能都得到了增强，增加了同步镜像功能。在"画笔选项"选项组中，勾选"同步橡皮擦设置"复选框，可以将当前橡皮擦工具的设置同步镜像到画笔工具中。在"橡皮擦选项"选项组中，勾选"同步画笔设置"复选框，可以将当前画笔工具的设置同步镜像到橡皮擦工具中。

为便于进行以上的同步功能和操作，在 Animate CC 2019 中，"橡皮擦"工具和"画笔"工具中的压力或斜度设置、模式、笔尖大小和形状等所有子选项都将被保存下来，即使退出并重新启动 Animate CC 2019，也将保持退出之前的设置。

1.3.5 帧选择器增强功能

在 Animate CC 2019 中，增加了将元件固定到帧选择器上的功能。使用此功能可以将不同的元件固定在不同的帧选择器中，以避免在使用工具时选到其他元件。固定后的元件会被自动记录下来，只要在舞台上使用了该元件，就不会从记录中删除。若想在记录中删除该元件，则要从库中删除或解除固定，并将其移动到其他文档中。

1.3.6 纹理贴图集增强功能

在 Animate CC 2019 中，"纹理贴图集"功能新增了两个导出选项：一是"分辨率"选项，可以选择从 0.3 到 3.0 的不同导出分辨率；二是"优化尺寸"复选框，可以选择导出前后图像尺寸的差异，若勾选此复选框，图像的尺寸、宽度和高度会自动进行优化，若不勾选此复选框，图像的尺寸、宽度和高度将根据所选尺寸来生成。

1.3.7 文件保存优化

在 Animate CC 2019 中，减少了自动恢复模式的保存时间，加快了保存复杂数据的速度，增强了逐步保存 Animate 文档（FLA 和 XFL 格式）的功能。

1.3.8 资源变形

在 Animate CC 2019 中，增强了资源变形功能，利用这一功能，可以更好地控制手柄和变形结果。

1.4 Animate CC 2019 的操作界面

Animate CC 2019 的操作界面由以下几部分组成：菜单栏、工具箱、"时间轴"面板、场景和舞台、"属性"面板以及浮动面板，如图 1-6 所示。

菜单栏
“时间轴”面板
工具箱
场景和舞台
浮动面板
“属性”面板

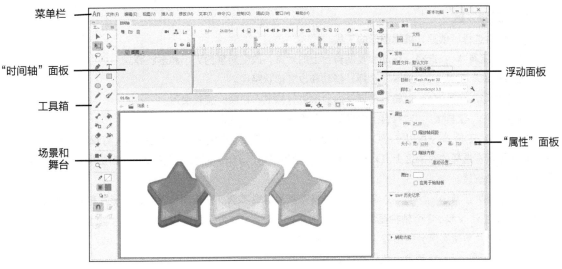

图 1-6

1.4.1 菜单栏

Animate CC 2019 的菜单栏依次分为“文件”菜单、“编辑”菜单、“视图”菜单、“插入”菜单、“修改”菜单、“文本”菜单、“命令”菜单、“控制”菜单、“调试”菜单、“窗口”菜单及“帮助”菜单，如图 1-7 所示。

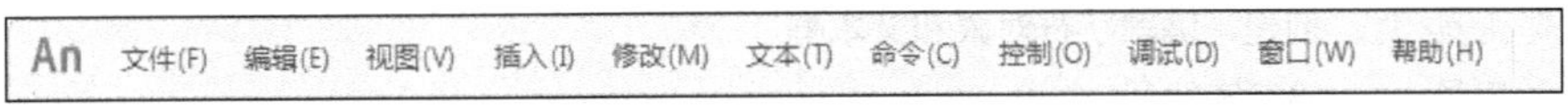

An 文件(F) 编辑(E) 视图(V) 插入(I) 修改(M) 文本(T) 命令(C) 控制(O) 调试(D) 窗口(W) 帮助(H)

图 1-7

“文件”菜单：主要功能是新建、打开、保存、发布、导出动画，以及导入外部图形、图像、声音、动画文件，以便在当前动画中使用。

“编辑”菜单：主要功能是对舞台上的对象和帧进行选择、复制、粘贴，以及自定义面板、设置参数等。

“视图”菜单：主要功能是进行环境设置。

“插入”菜单：主要功能是创建图层、元件、动画以及插入帧。

“修改”菜单：主要功能是修改动画中的对象。

“文本”菜单：主要功能是修改文字的大小、样式、对齐，以及对字母间距进行调整等。

“命令”菜单：主要功能是保存、查找、运行命令。

“控制”菜单：主要功能是测试、播放动画。

“调试”菜单：主要功能是对动画进行调试。

“窗口”菜单：主要功能是控制各功能面板是否显示，以及设置面板的布局。

“帮助”菜单：主要功能是提供 Animate CC 2019 在线帮助信息，包括教程和 ActionScript 帮助。

1.4.2 工具箱

工具箱中提供了图形绘制和编辑的各种工具，分为“工具”“查看”“颜色”“选项”4 个功能区，如图 1-8 所示。选择“窗口 > 工具”命令，或按 Ctrl+F2 组合键，可以调出工具箱。

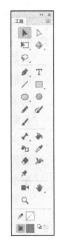

图 1-8

1. "工具" 区

此处提供选择、创建、编辑图形的工具。

"选择"工具 ▶：选择、移动和复制舞台上的对象，改变对象的大小和形状等。

"部分选取"工具 ▷：抓取、选择、移动和改变形状路径。

"任意变形"工具 ⬚：对舞台上选择的对象进行缩放、扭曲、旋转变形。

"渐变变形"工具 ▣：对舞台上选择的对象填充渐变色、变形。

"3D 旋转"工具 ◈：可以在 3D 空间中旋转影片剪辑实例。在使用该工具选择影片剪辑实例后，3D 旋转控件将显示在选择的对象之上。x 轴为红色、y 轴为绿色、z 轴为蓝色。使用橙色的自由旋转控件可同时绕 x 轴和 y 轴旋转。

"3D 平移"工具 ⤢：可以在 3D 空间中移动影片剪辑实例。在使用该工具选择影片剪辑实例后，影片剪辑实例的 x、y 和 z 3 个轴将显示在舞台上对象的顶部。x 轴为红色、y 轴为绿色、z 轴为黑色。应用此工具可以将影片剪辑实例分别沿着 x 轴、y 轴或 z 轴进行平移。

"套索"工具 ◗：在舞台上选择不规则的区域或多个对象。

"多边形"工具 ◹：在舞台上选择规则的区域或多个对象。

"魔术棒"工具 ✧：在舞台上根据颜色的范围选择区域。

"钢笔"工具 ✐：绘制直线和光滑的曲线，调整直线长度、角度及曲线曲率等。

"添加锚点"工具 ✐⁺：在绘制的线段上单击可以添加锚点。

"删除锚点"工具 ✐⁻：在锚点上单击可以删除该锚点。

"转换锚点"工具 ⌐：转换锚点的方向。

"文本"工具 T：创建、编辑字符对象和文本框。

"线条"工具 ╱：绘制直线段。

"矩形"工具 ▢：绘制矩形矢量色块或图形。

"基本矩形"工具 ⬚：绘制基本矩形，此工具用于绘制图元对象。图元对象是指允许用户在"属性"面板中调整其特征的形状。使用此工具创建形状之后，可以精确地控制形状的大小、边角半径及其他属性，而无须从头开始绘制。

"椭圆"工具 ◯：绘制椭圆形、圆形矢量色块或图形。

"基本椭圆"工具 ◓：绘制基本椭圆形，此工具用于绘制图元对象。使用此工具创建形状之后，可以精确地控制形状的开始角度、结束角度、内径及其他属性，而无须从头开始绘制。

"多角星形"工具 ●：绘制等比例的多边形（在"矩形"工具按钮上单击鼠标右键，在打开的列表中可选择"多角星形"工具）。

"铅笔"工具 ✎：绘制任意形状的矢量图形。

"画笔"工具 🖌：绘制任意形状的色块矢量图形（颜色由笔触色决定）。

"画笔"工具 🖊：绘制任意形状的色块矢量图形（颜色由填充色决定）。

"骨骼"工具 ✦：可以实现反向运动，用来制作人物动画效果。

"绑定"工具 ◔：可以调整骨骼与控制点之间的关系。

"颜料桶"工具 ⬗：改变色块的色彩。

"墨水瓶"工具 ⬖：改变矢量线段、曲线、图形边框线的色彩。

"滴管"工具 ✐：将舞台图形的属性赋予当前绘图工具。

"橡皮擦"工具 ◆：擦除舞台上的图形。

"宽度"工具 〰：修改笔触的宽度。

"资源变形"工具 <img> ：可以更好地控制手柄和变形结果。

2.　"查看"区

使用此处工具可以改变舞台画面。

"摄像头"工具 <img> ：模仿虚拟的摄像头移动效果。

"手形"工具 <img> ：移动舞台画面，以便更好地观察对象。

"旋转"工具 <img> ：临时旋转舞台的视图角度，以特定角度进行绘制，而不是像"自由变换"工具那样，永久地旋转舞台上的实际对象。

"时间划动"工具 <img> ：可以在舞台窗口中拖曳鼠标指针调整时间标签的位置。

"缩放"工具 <img> ：改变舞台画面的显示比例。

3.　"颜色"区

可以在此处选择绘制、编辑图形的笔触颜色和填充颜色。

"笔触颜色"按钮 <img> ：选择图形边框和线条的颜色。

"填充颜色"按钮 <img> ：选择图形要填充区域的颜色。

"黑白"按钮 <img> ：系统默认的颜色。

"交换颜色"按钮 <img> ：可将笔触颜色和填充颜色进行交换。

4.　"选项"区

不同工具有不同的选项，可以通过"选项"区为当前选择的工具进行属性选择。

1.4.3　"时间轴"面板

"时间轴"面板用于组织和控制文件内容在一定时间内的播放方式。按照功能的不同，"时间轴"面板分为左、右两部分，左边为图层控制区，右边为时间线控制区，如图1-9所示。"时间轴"面板的主要组件是层、帧和播放头。

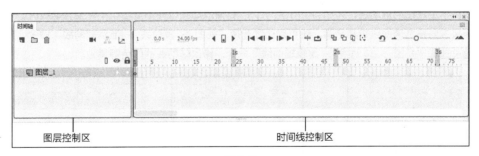

图1-9

1.　图层控制区

图层控制区位于"时间轴"面板左侧。图层就像堆叠在一起的多张幻灯片一样，每个图层都包含一个显示在舞台中的图像。在图层控制区中，可以显示舞台上正在编辑作品的所有层的名称、类型、状态，并可以通过工具按钮对层进行操作。

2.　时间线控制区

时间线控制区位于时间轴的右侧，由帧、播放头、多个按钮和信息栏组成。与胶片一样，Animate CC 2019文档也将时间长度分为帧，每个层中包含的帧都会显示在该层的右侧。顶部的时间轴标题指示帧编号，播放头指示舞台中当前显示的帧，信息栏显示当前帧编号、动画播放速率以及到当前帧为止的运行时间等信息。这一区域将在第 7 章详细介绍。

1.4.4 场景和舞台

场景是所有动画元素的最大活动空间，如图 1-10 所示。像多幕剧一样，场景可以不止一个。要查看特定的场景，可以选择"视图 > 转到"命令，再从其子菜单中选择场景的名称。

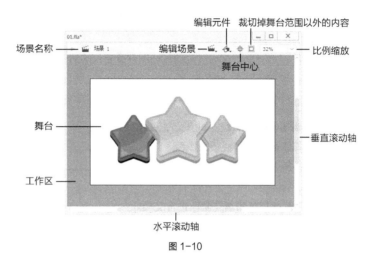

图 1-10

场景显示在舞台上，舞台是编辑和播放动画的矩形区域。在舞台上可以放置矢量插图、文本框、按钮、导入的位图图形、视频剪辑等对象，还可以自己设置舞台的大小、颜色等属性。

在舞台上可以显示网格和标尺，帮助制作者准确定位。显示网格的方法是选择"视图 > 网格 > 显示网格"命令，效果如图 1-11 所示。显示标尺的方法是选择"视图 > 标尺"命令，效果如图 1-12 所示。

在制作动画时，常常需要辅助线来作为舞台上不同对象的对齐标准，需要时可以从标尺上向舞台拖曳鼠标指针以产生绿色的辅助线，如图 1-13 所示，它在播放动画时并不显示。不需要辅助线时，可以从舞台上向标尺方向拖曳辅助线将其删除。还可以通过选择"视图 > 辅助线 > 显示辅助线"命令，显示出辅助线；通过选择"视图 > 辅助线 > 编辑辅助线"命令，修改辅助线的颜色等属性。

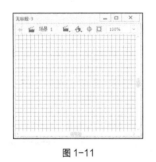
图 1-11

图 1-12

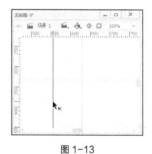
图 1-13

1.4.5 "属性"面板

对于正在使用的工具或资源，使用"属性"面板，可以很容易地查看和更改它们的属性，从而简化文档的创建过程。当选中单个对象（如文本、组件、形状、位图、视频、组、帧等）时，"属性"面板中可以显示相应的信息和设置，如图 1-14 所示。当选中两个或多个不同类型的对象时，"属性"面板中以混合方式显示选中对象的总数，如图 1-15 所示。

图 1-14

图 1-15

1.4.6　浮动面板

使用此面板可以查看、组合和更改资源。屏幕的大小有限，因此为了尽量使工作区最大，Animate CC 2019 提供了许多种自定义工作区的方式，如可以通过"窗口"菜单显示、隐藏面板，还可以通过鼠标拖曳来调整面板的大小以及重新组合面板，如图 1-16 和图 1-17 所示。

图 1-16

图 1-17

1.5　Animate CC 2019 的文件操作

1.5.1　新建文件

新建文件是使用 Animate CC 2019 进行设计的第一步。

选择"文件 > 新建"命令，弹出"新建文档"对话框，如图 1-18 所示。在对话框的上方选择要创建文档的类型，在"预设"选项组中选择需要的尺寸，也可以在"详细信息"选项组中自定义尺寸、单位和平台类型。设置完成后，单击"创建"按钮，即可新建文件，如图 1-19 所示。

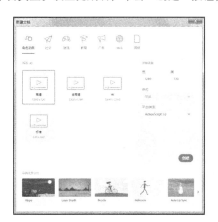 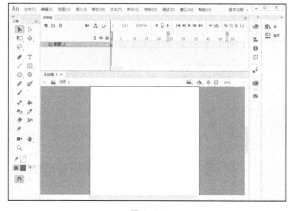

图 1-18   图 1-19

1.5.2　保存文件

编辑和制作完动画后，就需要对动画文件进行保存。

选择"文件 > 保存"或"文件 > 另存为"等命令，可以将文件保存在磁盘上，如图 1-20 所示。当对设计好的作品进行第一次存储时，选择"文件 > 保存"命令，或按 Ctrl+S 组合键，弹出"另存为"对话框，如图 1-21 所示。在对话框中输入文件名，选择保存类型，单击"保存"按钮，即可保存动画。

图 1-20   图 1-21

在对已经保存过的动画文件进行各种编辑操作后，选择"文件 > 保存"命令，将不会弹出"另存为"对话框，系统直接保留最终确认的结果，并覆盖原始文件。因此，在未确定要放弃原始文件之前，应慎用此命令。

若既要保存修改过的文件，又不想放弃原文件，可以选择"文件 > 另存为"命令，或按 Ctrl+Shift+S 组合键，弹出"另存为"对话框。在对话框中可以为更改过的文件重新命名、选择路径、设定保存类型，然后单击"保存"按钮，这样就能保留原文件。

1.5.3　打开文件

要修改已完成的动画文件，必须先将其打开。

选择"文件 > 打开"命令，弹出"打开"对话框，在对话框中选择路径和文件，如图 1-22 所示。然后单击"打开"按钮，或直接双击文件，即可打开指定的动画文件，如图 1-23 所示。

图 1-22

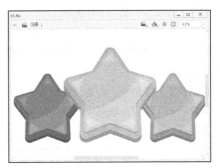

图 1-23

 提示

在"打开"对话框中可以同时打开多个文件，只要在文件列表中将几个文件同时选中，并单击"打开"按钮，系统就将逐个打开这些文件，这样可以避免多次调用"打开"对话框。在"打开"对话框中，按住 Ctrl 键单击可以选择不连续的文件，按住 Shift 键单击可以选择连续的文件。

1.6 Animate CC 2019 的系统配置

1.6.1 "首选参数"对话框

在"首选参数"对话框中可以自定义一些常规操作的参数选项。

对话框中依次为"常规"选项卡、"代码编辑器"选项卡、"脚本文件"选项卡、"编译器"选项卡、"文本"选项卡和"绘制"选项卡，如图 1-24 所示。选择"编辑 > 首选参数"命令，或按 Ctrl+U 组合键，可以弹出"首选参数"对话框。

图 1-24

1. "常规"选项卡

"常规"选项卡如图 1-24 所示。

"撤消"下拉列表框：在该下拉列表框下方的"层级"数值框中输入数值，可以对编辑操作的撤销／重做次数进行设置。输入的数值应为 2~300 的整数。使用撤销层级越多，占用的系统内存就越多，所以会影响系统运行速度。

"自动恢复"复选框：勾选此复选框，可以恢复突然断电或死机时没有保存的文档。

"用户界面"下拉列表框：主要用来调整工具界面颜色的深浅。

"工作区"选项组：若希望在选择"控制 > 测试影片"命令时打开一个新的测试影片窗口，请勾选"在单独的窗口中打开 Animate 文档和脚本文档"复选框，默认情况是在当前窗口中打开测试影片。若希望单击处于图标模式的面板外部时使这些面板自动折叠，请勾选"自动折叠图标面板"复选框。

"加亮颜色"选项组：用于设置舞台中独立对象被选中时的轮廓颜色。

"绘图纸外观颜色"选项组：用于设置绘图纸外观的颜色，用来区分以前、目前和以后的颜色。

2. "代码编辑器"选项卡

"代码编辑器"选项卡如图 1-25 所示，主要用于设置代码的显示效果。

图 1-25

"字体"下拉列表框：用于设置字体和字号。

"样式"下拉列表框：用于设置字体的样式，有"常规""倾斜""加粗""加粗并倾斜"几个选项。

"修改文本颜色"按钮：单击此按钮，在弹出的对话框中可设置前景、背景、关键字、注释、标识符及字符串的文本颜色。

"自动结尾括号"复选框：默认勾选，表示默认情况下所有代码是用括号括住的。

"自动缩进"复选框：勾选此复选框，输入代码将按级别进行缩进。

"代码提示"复选框：勾选此复选框，在输入代码时会出现代码属性提示。

"缓存文件"选项：用于设置缓存文件限制，默认为 800。

"制表符大小"选项：默认为 4，可手动输入数值。

"选择语言"下拉列表框：用于选择脚本语言，有"ActionScript"和"JavaScript"两个选项。选择某个选项后，下方的文本框中会显示一个代码样例。

"括号样式"下拉列表框：用于选择括号样式，包括"在与控制语句的同一行""在单独行""仅在单独行添加右括号"3 个选项。

"中断链接方法"复选框：勾选此复选框，系统显示代码行时将合理断开。

"保持数组缩进"复选框：勾选此复选框，系统将合理缩进数组。

"在关键字后添加空格"复选框：勾选此复选框，可以在每个关键字后面留有空格。

3. "脚本文件"选项卡

"脚本文件"选项卡如图 1-26 所示，主要用于脚本文件的设置。

图 1-26

"打开"下拉列表框：用于选择编码的类型。选择"UTF-8 编码"选项，将使用 Unicode 编码打开或导入文件；选择"默认编码"选项，将使用系统当前所用语言的编码形式打开或导入文件。

"重新加载修改的文件"下拉列表框：用于指定在脚本文件被修改、移动或删除时将如何操作。选择"总是"选项将不显示警告，自动重新加载文件；选择"从不"选项将不显示警告，文件仍保持当前状态；选择"提示"选项将显示警告，并可以选择是否重新加载文件。

4. "编译器"选项卡

"编译器"选项卡如图 1-27 所示，用于设置编译语言。

图 1-27

"Flex SDK 路径"选项：包含二进制、框架、库及其他文件夹的路径。

"源路径"选项：包含 ActionScript 类文件的文件夹的路径。

"库路径"选项：SWC 文件或包含 SWC 文件的文件夹的路径。

"外部库路径"选项：用作运行时共享库的 SWC 文件的路径。

5. "文本"选项卡

"文本"选项卡如图 1-28 所示，可用于设置文本的显示。

图 1-28

6. "绘制"选项卡

"绘制"选项卡如图 1-29 所示。

图 1-29

在此选项卡中可以指定"钢笔"工具指针外观的首选参数，用于在画线段时进行预览，或者查看选定锚记点的外观；也可以通过绘画设置来指定对齐、平滑和伸直行为；还可以打开或关闭每个选项，默认状态下为一般。

1.6.2 设置浮动面板

Animate CC 2019 中的浮动面板用于快速设置文档中对象的属性。可以应用系统默认的面板布局，也可以根据需要随意显示或隐藏面板、调整面板的大小。

1. 系统默认的面板布局

选择"窗口 > 工作区布局 > 传统"命令，操作界面中将显示传统的面板布局。

2. 自定义面板布局

将需要设置的面板调到操作界面中，效果如图 1-30 所示。

将鼠标指针放置在面板名称上，按住鼠标左键将其拖曳到操作界面的右侧，效果如图 1-31 所示。

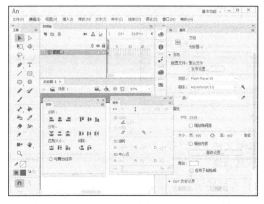

图 1-30   图 1-31

1.6.3　"历史记录"面板

"历史记录"面板用于记录文档新建或打开以后的操作步骤，便于用户查看历史操作。在面板中可以有选择地撤销一个或多个操作步骤，还可将面板中的步骤应用于同一对象或文档中的不同对象。在系统默认的状态下，"历史记录"面板可以撤销 100 次操作步骤，用户还可以根据自身需要在"首选参数"对话框的"常规"选项卡中设置不同的撤销步骤数，数值范围为 2 ~ 300。

 提 示

"历史记录"面板中的操作顺序是按照操作过程一一对应记录下来的，不能进行重新排列。

选择"窗口 > 历史记录"命令，或按 Ctrl+F10 组合键，弹出"历史记录"面板，如图 1-32 所示。在文档中进行一些操作后，"历史记录"面板将这些操作按顺序进行记录，如图 1-33 所示，其中滑块▷所在位置就是当前进行操作的步骤。

图 1-32

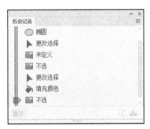

图 1-33

将滑块拖曳到绘制过程中的某一个操作步骤时，该步骤下方的操作步骤将变为灰色，如图 1-34 所示。这时，再进行新的步骤操作，灰色部分的操作将被新的操作步骤替代，如图 1-35 所示。在"历史记录"面板中，已经被撤销的步骤将无法重新找回。

图 1-34

图 1-35

"历史记录"面板可以显示操作对象的一些数据。在面板中单击鼠标右键，在弹出的快捷菜单中选择"视图 > 在面板中显示参数"命令，如图 1-36 所示。这时，面板中会显示出操作对象的具体参数，如图 1-37 所示。

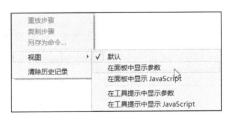

图 1-36

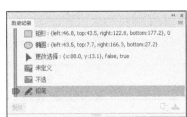

图 1-37

在"历史记录"面板中，可以清除已经应用过的操作步骤。在面板中单击鼠标右键，在弹出的快捷菜单中选择"清除历史记录"命令，如图 1-38 所示，弹出提示对话框，如图 1-39 所示。单击"是"按钮，面板中的所有操作步骤被清除，如图 1-40 所示，历史记录被清除后将无法找回。

图 1-38

图 1-39

图 1-40

第 2 章
图形的绘制与编辑

本章将介绍 Animate CC 2019 绘制图形的功能和编辑图形的技巧，详细讲解多种选择图形的方法和设置图形色彩的技巧。通过对本章的学习，读者可以掌握绘制图形、编辑图形的方法和技巧，能独立绘制出所需的各种图形效果并对其进行编辑，为进一步学习 Animate CC 2019 打下坚实的基础。

课堂学习目标

- 掌握基本线条与图形的绘制
- 熟练掌握多种图形编辑工具的使用方法和技巧
- 了解图形的色彩，并掌握几种常用的色彩面板

2.1 基本线条与图形的绘制

用 Animate CC 2019 创造的充满活力的设计作品都是由基本图形组成的，Animate CC 2019 提供了各种工具来绘制线条和图形。

2.1.1 课堂案例——绘制天气图标

⊕ **案例学习目标**

使用不同的绘图工具绘制图形并组合成图像。

⊕ **案例知识要点**

使用"线条"工具绘制装饰线条，使用"椭圆"工具绘制云轮廓和眼睛图形。天气图标效果如图 2-1 所示。

⊕ **效果所在位置**

资源包 > Ch02 > 效果 > 绘制天气图标.fla。

图 2-1

绘制天气图标

STEP 1 在欢迎页的"详细信息"选项组中将"宽"选项设为 550，"高"选项设为 400，在"平台类型"下拉列表框中选择"ActionScript 3.0"选项，如图 2-2 所示。单击"创建"按钮，完成文档的创建，如图 2-3 所示。

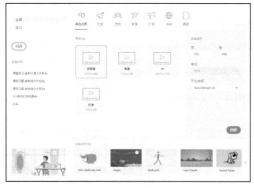

图 2-2

图 2-3

STEP 2 在"时间轴"面板中将"图层_1"重命名为"云"，如图 2-4 所示。选择"基本椭圆"工具 ◎，在其"属性"面板中将"笔触颜色"设为黑色，"填充颜色"设为无，"笔触"宽度设为 1，其他设置如图 2-5 所示。在舞台窗口中绘制一个圆形，效果如图 2-6 所示。用相同的方法绘制多个圆形，效果如图 2-7 所示。

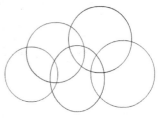

图 2-4 图 2-5 图 2-6 图 2-7

STEP 3 选择"选择"工具 ▶，在舞台窗口中框选所有圆形，如图 2-8 所示。在工具箱中将"填充颜色"设为深蓝色（#0085D0），"笔触颜色"设为无，效果如图 2-9 所示。按 Ctrl+B 组合键，将选中的图形打散，效果如图 2-10 所示。

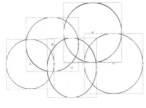

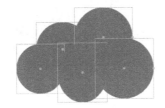

图 2-8 图 2-9 图 2-10

STEP 4 选择"椭圆"工具 ◯，在工具箱中将"填充颜色"设为无，"笔触颜色"设为黑色，在舞台窗口中绘制一个椭圆形，如图 2-11 所示。选择"选择"工具 ▶，在舞台窗口中双击黑色边线，将其选中，如图 2-12 所示。选择"窗口 > 变形"命令，弹出"变形"面板，将"旋转"选项设为 - 8.5，按 Enter 键确定操作，效果如图 2-13 所示。

图 2-11 图 2-12 图 2-13

STEP 5 在舞台窗口中选中图 2-14 所示的图形，在工具箱中将"填充颜色"设为蓝色(#00A1E9)，效果如图 2-15 所示。

图 2-14 图 2-15

STEP 6 在黑色边线上双击将其选中，如图 2-16 所示。按 Delete 键将其删除，效果如图 2-17 所示。

图 2-16   图 2-17

STEP 7 单击"时间轴"面板中的"新建图层"按钮，创建新图层并将其命名为"眼睛"，如图 2-18 所示。选择"椭圆"工具，在工具箱中将"笔触颜色"设为无，"填充颜色"设为白色，单击工具箱下方的"对象绘制"按钮，按住 Shift 键的同时在舞台窗口中绘制一个圆形，如图 2-19 所示。用相同的方法绘制多个圆形，并分别填充相应的颜色，效果如图 2-20 所示。

图 2-18   图 2-19   图 2-20

STEP 8 在"时间轴"面板中单击"眼睛"图层，将该层中的图形全部选中，如图 2-21 所示。按 Ctrl+G 组合键将选中的图形编组，效果如图 2-22 所示。

图 2-21   图 2-22

STEP 9 选择"选择"工具，选中组合对象，按住 Alt 键的同时将对象向右拖曳到适当的位置，松开鼠标，复制图形，效果如图 2-23 所示。在"变形"面板中将"缩放宽度"选项和"缩放高度"选项均设为 150%，"旋转"选项设为 125%，如图 2-24 所示，效果如图 2-25 所示。

图 2-23   图 2-24   图 2-25

STEP 10 单击"时间轴"面板中的"新建图层"按钮 ，创建新图层并将其命名为"线条"。选择"线条"工具 ，在其"属性"面板中将"笔触颜色"设为蓝色（#00A1E9），"笔触"宽度设为11，"端点"选项设为"圆角" ，其他设置如图2-26所示。按住 Shift 键的同时在舞台窗口中绘制一条直线，效果如图2-27所示。

图 2-26

图 2-27

STEP 11 选择"选择"工具 ，选中线条，按住 Alt 键的同时向下拖曳线条到适当的位置，松开鼠标，复制线条，效果如图2-28所示。按两次 Ctrl+Y 组合键，重复上次动作复制线条，效果如图2-29所示。用上述方法制作出图2-30所示的效果。天气图标绘制完成，按 Ctrl+Enter 组合键即可查看效果。

图 2-28 　　　　　　　　　　　图 2-29 　　　　　　　　　　　图 2-30

2.1.2 线条工具

选择"线条"工具 ，在舞台窗口中单击并按住鼠标左键不放，向右拖曳到需要的位置，即可绘制一条直线，松开鼠标，直线效果如图2-31所示。可以在"线条"工具的"属性"面板中设置笔触颜色、笔触大小、笔触样式和笔触宽度，如图2-32所示。

设置不同的线条属性后，绘制的线条如图2-33所示。

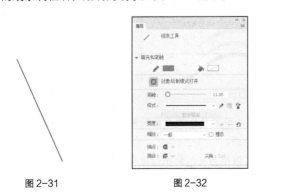

图 2-31 　　　　　　　　　　　图 2-32 　　　　　　　　　　　图 2-33

提示

选择"线条"工具 ✐ 时，如果按住 Shift 键的同时拖曳鼠标，则只能在 45°或 45°的倍数方向绘制直线，并且无法为"线条"工具设置填充属性。

2.1.3 铅笔工具

选择"铅笔"工具 ✐，在舞台上单击并按住鼠标左键不放，随意绘制线条，松开鼠标，效果如图 2-34 所示。如果想要绘制出平滑或伸直的线条和形状，可以在工具箱下方的"选项"区中为"铅笔"工具选择相应的绘画模式，如图 2-35 所示。

图 2-34

图 2-35

"伸直"选项：可以绘制直线，并将接近三角形、椭圆形、圆形、矩形和正方形的形状转换为这些常见的几何形状。

"平滑"选项：可以绘制平滑曲线。

"墨水"选项：可以绘制随意的手绘线条。

可以在"铅笔"工具的"属性"面板中设置不同的线条颜色、线条粗细和线条样式，如图 2-36 所示。设置不同的线条属性后，绘制的图形如图 2-37 所示。

单击"属性"面板中"样式"选项右侧的"编辑笔触样式"按钮 ✐，弹出"笔触样式"对话框，如图 2-38 所示，在对话框中可以自定义笔触样式。

图 2-36

图 2-37

图 2-38

"4 倍缩放"复选框：勾选此复选框，可以放大至 4 倍预览设置不同选项后所产生的效果。

"粗细"下拉列表框：可以设置线条的粗细。

"锐化转角"复选框：勾选此复选框，可以使线条的转折效果变得明显。

"类型"下拉列表框：可以在下拉列表中选择线条的类型。

提 示

选择"铅笔"工具 ✎ *时，如果按住 Shift 键的同时拖曳鼠标，则可将绘制线条的方向限制为垂直或水平方向。*

2.1.4　椭圆工具

选择"椭圆"工具 ⬭，在舞台窗口中单击并按住鼠标左键不放，向需要的位置拖曳，绘制出椭圆图形后松开鼠标，图形效果如图 2-39 所示。按住 Shift 键的同时绘制图形，可以绘制出圆形，效果如图 2-40 所示。

可以在"椭圆"工具的"属性"面板中设置笔触颜色、填充颜色、笔触大小、笔触样式和笔触宽度等，如图 2-41 所示。设置不同的边框属性并填充颜色后，绘制的图形如图 2-42 所示。

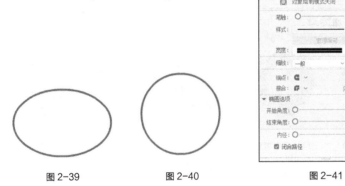

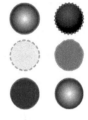

图 2-39　　　　　图 2-40　　　　　　　　图 2-41　　　　　　　　图 2-42

2.1.5　基本椭圆工具

"基本椭圆"工具 ⬭ 的使用方法和功能与"椭圆"工具 ⬭ 相同，唯一的区别在于使用"椭圆"工具 ⬭ 必须要先设置椭圆属性，然后绘制图形，绘制好之后不可以再次更改椭圆属性；而使用"基本椭圆"工具 ⬭，在绘制前或绘制后设置属性都是可以的。

2.1.6　画笔工具

1. 使用填充颜色绘制

选择"画笔"工具 ✎，在舞台窗口中单击并按住鼠标左键不放，随意绘制出图形，松开鼠标，图形效果如图 2-43 所示。可以在"画笔"工具的"属性"面板中设置填充颜色和笔触颜色，如图 2-44 所示。

在"画笔"工具"属性"面板"画笔选项"选项组中有"画笔形状"选项 ● 和"画笔大小"选项，可以设置画笔的形状与大小。设置不同的画笔形状后，绘制的笔触效果如图 2-45 所示。

系统在工具箱的下方提供了 5 种画笔模式，如图 2-46 所示。

"标准绘画"模式：在同一层的线条和填充上以覆盖的方式涂色。

"颜料填充"模式：对填充区域和空白区域涂色，其他部分（如边框线）不受影响。

"后面绘画"模式：在舞台窗口中同一层的空白区域涂色，但不影响原有的线条和填充。

"颜料选择"模式：在选中的区域内涂色，未被选中的区域不能涂色。

"内部绘画"模式：在内部填充上绘图，但不影响线条；如果在空白区域中涂色，该填充不会影响任何现有填充区域。

应用不同模式绘制出的效果如图 2-47 所示。

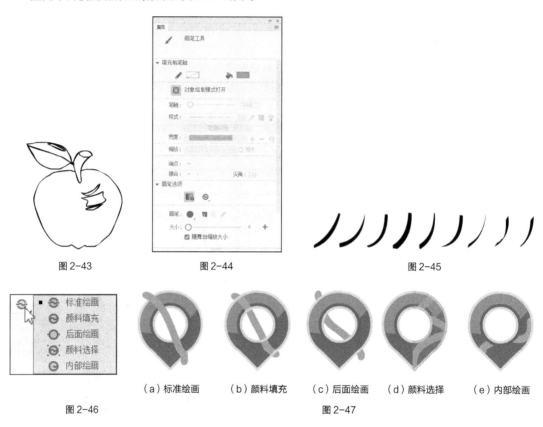

| 图 2-43 | 图 2-44 | 图 2-45 |

图 2-46

（a）标准绘画　　（b）颜料填充　　（c）后面绘画　　（d）颜料选择　　（e）内部绘画

图 2-47

"锁定填充"按钮 ▥：为画笔选择径向渐变色彩。当没有单击此按钮时，用画笔绘制线条，每个线条的颜色都有自己完整的渐变过程，线条与线条之间不会互相影响，如图 2-48 所示；单击此按钮后，颜色的渐变过程会形成一个固定的区域，在这个区域内，画笔绘制到的地方，就会显示出相应的色彩，如图 2-49 所示。

| 图 2-48 | 图 2-49 |

在使用画笔工具涂色时，可以使用导入的位图作为填充。

将资源包中的"基础素材 > Ch02 > 02"文件导入"库"面板，如图 2-50 所示。选择"窗口 > 颜色"命令，弹出"颜色"面板，单击"填充颜色"按钮 ▧▢，在"颜色类型"下拉列表框中选择"位图填充"选项，用导入的位图作为填充图案，如图 2-51 所示。选择"画笔"工具 ✏，在舞台上随意绘制一些笔触，效果如图 2-52 所示。

图 2-50

图 2-51

图 2-52

2. 使用笔触颜色绘制

选择"画笔"工具 ，在舞台上单击并按住鼠标左键不放，随意绘制出图形，松开鼠标，效果如图 2-53 所示。可以在"画笔"工具的"属性"面板中设置笔触颜色和笔触样式，如图 2-54 所示。

设置不同的笔触样式后所绘制的笔触效果如图 2-55 所示。

图 2-53

图 2-54

图 2-55

2.2 图形的绘制与选择

应用多种绘制工具可以绘制多变的图形与路径。若要在舞台窗口中修改图形对象，需要先选择对象，再对其进行修改。

2.2.1 课堂案例——绘制引导页中的插画

⊕ 案例学习目标

使用不同的绘图工具绘制插画图形。

⊕ 案例知识要点

使用"基本矩形"工具、"矩形"工具、"椭圆"工具、"钢笔"工具、"多角星形"工具和"线条"工具完成引导页中的插画绘制。引导页中的插画效果如图 2-56 所示。

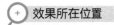

🔍 效果所在位置

资源包 > Ch02 > 效果 > 绘制引导页中的插画.fla。

图 2-56

绘制引导页中
的插画

STEP 1 在欢迎页的"详细信息"选项组中将"宽"选项设为300，"高"选项设为300，在"平台类型"下拉列表框中选择"ActionScript 3.0"选项，单击"创建"按钮，完成文档的创建，如图 2-57 所示。

STEP 2 将"图层_1"重命名为"圆角矩形"。选择"基本矩形"工具 🔲，在其"属性"面板中将"笔触颜色"设为无，"填充颜色"设为绿色（#20C492），"矩形边角半径"选项设为50，其他设置如图 2-58 所示。在舞台窗口中绘制一个圆角矩形，效果如图 2-59 所示。

图 2-57

图 2-58

图 2-59

STEP 3 保持圆角矩形的选中状态，在矩形图元的"属性"面板中将"宽"选项和"高"选项均设为234，"X"选项和"Y"选项均设为33，如图 2-60 所示，效果如图 2-61 所示。

图 2-60

图 2-61

STEP 4 单击"时间轴"面板中的"新建图层"按钮 🔲，创建新图层并将其命名为"外形"，如图 2-62 所示。在"基本矩形"工具的"属性"面板中将"笔触颜色"设为黑色，"填充颜色"设为白色，"笔触"宽度设为3，"矩形边角半径"选项分别设为 10、10、10、30，其他设置如图 2-63 所示。在舞台窗口中绘制一个圆角矩形，效果如图 2-64 所示。

图 2-62　　　　　　　　　图 2-63　　　　　　　　图 2-64

STEP 5 保持图形的选中状态，在矩形图元的"属性"面板中将"宽"选项设为 128，"高"选项设为 186，"X"选项设为 72，"Y"选项设为 93，如图 2-65 所示，效果如图 2-66 所示。

图 2-65　　　　　　　　　　　　　图 2-66

STEP 6 单击"时间轴"面板中的"新建图层"按钮，创建新图层并将其命名为"屏幕"。在"基本矩形"工具的"属性"面板中将"笔触颜色"设为黑色，"填充颜色"设为深灰色（#333333），"笔触"宽度设为 3，"矩形边角半径"选项分别设为 10、10、10、30，其他设置如图 2-67 所示。在舞台窗口中绘制一个圆角矩形，效果如图 2-68 所示。

图 2-67　　　　　　　　　　　　图 2-68

STEP 7 保持图形的选中状态，在矩形图元的"属性"面板中将"宽"选项设为 102，"高"选项设为 85，"X"选项设为 85，"Y"选项设为 106，效果如图 2-69 所示。

STEP 8 单击"时间轴"面板中的"新建图层"按钮 ，创建新图层并将其命名为"画面"。选择"矩形"工具 ，单击工具箱下方的"对象绘制"按钮 ，在"矩形"工具的"属性"面板中将"笔触颜色"设为黑色，"填充颜色"设为橘黄色（#FF6600），"笔触"宽度设为 3，其他设置如图 2-70 所示。在舞台窗口中绘制一个矩形，效果如图 2-71 所示。

图 2-69　　　　　　　　　　　图 2-70　　　　　　　　　　　图 2-71

STEP 9 选择"选择"工具 ，在舞台窗口中选中图 2-72 所示的矩形。在绘制对象的"属性"面板中将"宽"选项和"高"选项均设为 65，"X"选项设为 104，"Y"选项设为 116，如图 2-73 所示，效果如图 2-74 所示。

图 2-72　　　　　　　　　　　图 2-73　　　　　　　　　　　图 2-74

STEP 10 选择"钢笔"工具 ，在其"属性"面板中将"笔触颜色"设为白色，"笔触"宽度设为 3，在舞台窗口中适当的位置绘制一条开放路径，效果如图 2-75 所示。在"钢笔"工具的"属性"面板中将"笔触"宽度设 5，在舞台窗口中适当的位置绘制一条开放路径，效果如图 2-76 所示。

STEP 11 选择"椭圆"工具 ，在其"属性"面板中将"笔触颜色"设为无，"填充颜色"设为白色。按住 Shift 键的同时在舞台窗口中适当的位置绘制一个圆形，效果如图 2-77 所示。

图 2-75　　　　　　　　　　　图 2-76　　　　　　　　　　　图 2-77

STEP 12 单击"时间轴"面板中的"新建图层"按钮🖿，创建新图层并将其命名为"按钮"。选择"多角星形"工具◉，在其"属性"面板中将"笔触颜色"设为黑色，"填充颜色"设为蓝色（#0066CC），"笔触"宽度设为 3。按住 Shift 键的同时在舞台窗口中绘制一个五边形，效果如图 2-78 所示。

STEP 13 选择"选择"工具▶，在舞台窗口中选中图 2-79 所示的五边形。在绘制对象的"属性"面板中将"宽"选项设为 20，"高"选项设为 19，"X"选项设为 88，"Y"选项设为 208，效果如图 2-80 所示。

图 2-78   图 2-79   图 2-80

STEP 14 选择"椭圆"工具◉，在其"属性"面板中将"笔触颜色"设为黑色，"填充颜色"设为蓝色（#0066CC），"笔触"宽度设为 3。按住 Shift 键的同时在舞台窗口中绘制一个圆形，效果如图 2-81 所示。

STEP 15 选择"选择"工具▶，在舞台窗口中选中图 2-82 所示的圆形。在绘制对象的"属性"面板中，将"宽"选项和"高"选项均设为 17，"X"选项设为 105，"Y"选项设为 229，效果如图 2-83 所示。

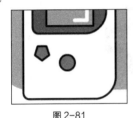  

图 2-81   图 2-82   图 2-83

STEP 16 选择"矩形"工具▣，在其"属性"面板中将"笔触颜色"设为黑色，"填充颜色"设为黄色（#FFCC00），"笔触"宽度设为 3，其他设置如图 2-84 所示。在舞台窗口中绘制一个矩形，效果如图 2-85 所示。

STEP 17 选择"选择"工具▶，在舞台窗口中选中图 2-86 所示的矩形。在绘制对象的"属性"面板中将"宽"选项设为 9.5，"高"选项设为 29.5，"X"选项设为 159，"Y"选项设为 222，效果如图 2-87 所示。

  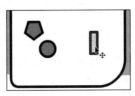 

图 2-84   图 2-85   图 2-86   图 2-87

STEP 18 保持图形的被选中状态，选择"窗口 > 变形"命令，弹出"变形"面板，将"旋转"选项设为 90，如图 2-88 所示。单击面板中的"重制选区和变形"按钮 ，再次旋转角度并复制图形，效果如图 2-89 所示。

STEP 19 选择"选择"工具 ，按住 Shift 键的同时选中需要的矩形，如图 2-90 所示。按 Ctrl+B 组合键将选中的图形打散，效果如图 2-91 所示。

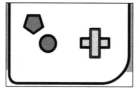
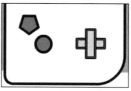

图 2-88   图 2-89   图 2-90   图 2-91

STEP 20 按 Esc 键取消选中图形，单击需要的边线将其选中，如图 2-92 所示。按住 Shfit 键的同时选中其他需要的边线，如图 2-93 所示。按 Delete 键将选中的边线删除，效果如图 2-94 所示。

图 2-92   图 2-93   图 2-94

STEP 21 单击"时间轴"面板中的"新建图层"按钮 ，创建新图层并将其命名为"装饰"。选择"线条"工具 ，在其"属性"面板中将"笔触颜色"设为黑色，"笔触"宽度设为 3，在舞台窗口中适当的位置绘制一条线段，如图 2-95 所示。

STEP 22 选择"选择"工具 ，选中绘制的线段，如图 2-96 所示。按住 Shift+Alt 组合键的同时向右拖曳线段到适当的位置复制图形，效果如图 2-97 所示。按 Ctrl+Y 组合键重复复制图形，效果如图 2-98 所示。

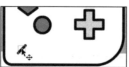
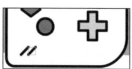

图 2-95   图 2-96   图 2-97   图 2-98

STEP 23 单击"时间轴"面板中的"新建图层"按钮 ，创建新图层并将其命名为"星星"。选择"多角星形"工具 ，在其"属性"面板中将"笔触颜色"设为无，"填充颜色"设为黄色（#FFCC00）。单击"工具设置"选项组中的"选项"按钮，在弹出的"工具设置"对话框中进行设置，如图 2-99 所示，单击"确定"按钮完成工具属性的设置。在舞台窗口中绘制多个星星图形，效果如图 2-100 所示。引导页中的插画绘制完成，按 Ctrl+Enter 组合键即可查看效果。

图 2-99

图 2-100

2.2.2　矩形工具

选择"矩形"工具 ⬚ ，在舞台窗口中单击并按住鼠标左键不放，向需要的位置拖曳，绘制出矩形，松开鼠标，效果如图 2-101 所示。按住 Shift 键的同时绘制图形，可以绘制出正方形，效果如图 2-102 所示。

可以在"矩形"工具的"属性"面板中设置笔触颜色、填充颜色、笔触大小、笔触样式和笔触宽度，如图 2-103 所示。设置不同的笔触样式并填充颜色后，绘制的图形如图 2-104 所示。

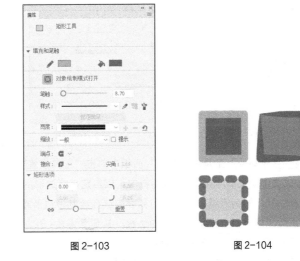

图 2-101　　　　图 2-102　　　　　　　　　图 2-103　　　　　　　　　图 2-104

可以用"矩形"工具绘制圆角矩形。在"矩形"工具"属性"面板的"矩形边角半径"选项的数值框中输入需要的数值，如图 2-105 所示。输入的数值不同，绘制出的圆角矩形也不同，效果如图 2-106 所示。

图 2-105

图 2-106

2.2.3 基本矩形工具

"基本矩形"工具 的使用方法和功能与"矩形"工具 相同，唯一的区别在于使用"矩形"工具 必须要先设置矩形属性，然后绘制图形，绘制好之后不可以再次更改矩形属性；而使用"基本矩形"工具 ，在绘制前或绘制后设置属性都是可以的。

2.2.4 多角星形工具

应用"多角星形"工具可以绘制出不同样式的多边形和星形。选择"多角星形"工具 ，在舞台窗口中按住鼠标左键不放并向需要的位置拖曳，绘制出多边形，松开鼠标，效果如图 2-107 所示。

可以在"多角星形"工具的"属性"面板中设置不同的笔触颜色、笔触大小、笔触样式和填充颜色，如图 2-108 所示。设置不同的笔触样式并填充颜色后，绘制的图形如图 2-109 所示。

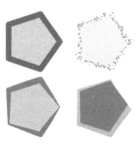

图 2-107　　　　　　　　　图 2-108　　　　　　　　　图 2-109

在"多角星形"工具的"属性"面板中单击"工具设置"选项组中的"选项"按钮，弹出"工具设置"对话框，如图 2-110 所示，在对话框中可以自定义多边形的各种属性。

"样式"下拉列表框：可在下拉列表中选择绘制多边形或星形。

"边数"数值框：设置多边形的边数，其范围为 3 ~ 32。

"星形顶点大小"数值框：输入一个 0 ~ 1 的数字以指定星形顶点的深度。此数字越接近 0，创建的顶点就越深。此选项在多边形形状绘制中不起作用。

设置不同数值后，绘制出的多边形和星形也不同，如图 2-111 所示。

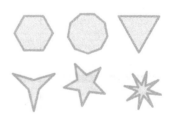

图 2-110　　　　　　　　　　　　　　　图 2-111

2.2.5 钢笔工具

选择"钢笔"工具 ，将鼠标指针放置在舞台窗口中想要绘制曲线的起始位置单击，此时出现第一个锚点，如图 2-112 所示。将鼠标指针放置在想要绘制的第二个锚点的位置单击，可以绘制出一条直线段，如图 2-113 所示。如果在第二个锚点的位置按住鼠标左键不放并向其他方向拖曳，可将直线转换为曲线，如图 2-114 所示。松开鼠标，一条曲线绘制完成，如图 2-115 所示。

图 2-112　　　　　　图 2-113　　　　　　图 2-114　　　　　　图 2-115

　　用相同的方法可以绘制出多条曲线段，组合成不同样式的曲线，如图 2-116 所示。

　　在绘制线段时，如果按住 Shift 键进行绘制，则绘制线段的方向将被限制为倾斜 45°的倍数，如图 2-117 所示。

图 2-116　　　　　　　　　　　　图 2-117

　　在绘制线段时，"钢笔"工具 的鼠标指针会产生不同的变化，其表示的含义也不同。

　　增加控制点：当鼠标指针变为带加号的笔尖时 ，如图 2-118 所示，在线段上单击就会增加一个控制点，有助于更精确地调整线段。增加控制点后的效果如图 2-119 所示。

图 2-118　　　　　　　　　　　　图 2-119

　　删除控制点：当鼠标指针变为带减号的笔尖时 ，如图 2-120 所示，在线段上单击控制点，就会将这个控制点删除。删除控制点后的效果如图 2-121 所示。

图 2-120　　　　　　　　　　　　图 2-121

　　转换控制点：当鼠标指针变为带折线的笔尖时 ，如图 2-122 所示，在线段上单击控制点，就会将这个控制点从曲线控制点转换为直线控制点。转换控制点后的效果如图 2-123 所示。

图 2-122　　　　　　　　　　　　图 2-123

提示

当选择"钢笔"工具　绘画时，若在用铅笔、画笔、线条、椭圆或矩形等不同的工具创建的对象上单击，就可以调整对象的控制点，以改变这些线条的形状。

2.2.6 选择工具

选择"选择"工具 ▶，工具箱下方会出现图 2-124 所示的按钮，利用这些按钮可以完成以下工作。

"贴紧至对象"按钮 ⋒：自动将舞台中的两个对象定位到一起，一般制作引导层动画时可利用此按钮将关键帧的对象锁定到引导路径上，此按钮还可以将对象定位到网格上。

图 2-124

"平滑"按钮 S：可以柔化选择的曲线。当选中对象时，此按钮变为可用。

"伸直"按钮 ꞁ：可以锐化选择的曲线。当选中对象时，此按钮变为可用。

1. 选择对象

打开资源包中的"基础素材 > Ch02 > 03"文件。选择"选择"工具 ▶，在舞台窗口中的对象上单击进行点选，如图 2-125 所示。按住 Shift 键可以同时选中多个对象，如图 2-126 所示。在舞台中拖曳出一个矩形可以框选对象，如图 2-127 所示。

图 2-125　　　　　　　　　图 2-126　　　　　　　　　图 2-127

2. 移动和复制对象

选择"选择"工具 ▶，单击以选中对象，如图 2-128 所示。按住鼠标左键不放，直接拖曳对象到任意位置，如图 2-129 所示；松开鼠标，选中的对象位置将被移动，效果如图 2-130 所示。

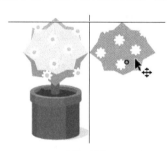

图 2-128　　　　　　　　　图 2-129　　　　　　　　　图 2-130

选择"选择"工具 ▶，单击以选中对象，如图 2-131 所示。按住 Alt 键，拖曳选中的对象到任意位置，如图 2-132 所示；松开鼠标，选中的对象被复制，如图 2-133 所示。

图 2-131　　　　　　　　　图 2-132　　　　　　　　　图 2-133

3. 调整向量线条和色块

选择"选择"工具 ▶，将鼠标指针移至对象边线上，鼠标指针下方出现圆弧 ↘，如图 2-134 所示。单击并拖曳鼠标指针到适当的位置，对线条和色块进行调整，如图 2-135 所示。

图 2-134　　　　　　　　　　　　　　图 2-135

2.2.7　部分选取工具

打开资源包中的"基础素材 > Ch02 > 04"文件。选择"部分选取"工具 ▷，在对象的外边线上单击，对象上会出现多个控制点，如图 2-136 所示。拖曳控制点可以调整控制点的位置，从而改变对象的形状，如图 2-137 所示。

图 2-136　　　　　　　　　　　　　　图 2-137

> 🎯 **提示**
>
> *若想增加图形上的控制点，可以用"钢笔"工具 ✎ 在图形上单击。*

在改变对象的形状时，"部分选取"工具 ▷ 的鼠标指针会产生不同的变化，其表示的含义也不同。

带黑色方块的指针 ▷▄：将鼠标指针放置在控制点以外的线段上时，鼠标指针变为 ▷▄，如图 2-138 所示，这时可以拖曳对象到其他位置，如图 2-139 所示；松开鼠标，效果如图 2-140 所示。

图 2-138　　　　　　　　　　图 2-139　　　　　　　　　　图 2-140

带白色方块的指针 ▷▫：将鼠标指针放置在控制点上时，鼠标指针变为 ▷▫，如图 2-141 所示，这时可以拖曳单个的控制点到其他位置，如图 2-142 所示；松开鼠标，效果如图 2-143 所示。

图 2-141	图 2-142	图 2-143

变为小箭头的指针 ▶：将鼠标指针放置在控制点手柄的尽头时，鼠标指针变为 ▶，如图 2-144 所示，这时拖曳鼠标到适当的位置，如图 2-145 所示；松开鼠标，可以调节与该控制点相连的线段的弯曲度，效果如图 2-146 所示。

图 2-144	图 2-145	图 2-146

 提示

在调整控制点的手柄时，调整一个手柄，另一个相对的手柄也会随之发生变化。如果只想调整其中一个手柄，则需要按住 Alt 键进行调整。

可以将直线控制点转换为曲线控制点，并进行弯曲度调节。选择"部分选取"工具 ▷，在对象的外边线上单击，对象上显示出控制点，如图 2-147 所示。单击要转换的控制点，控制点将从空心变为实心，表示可编辑，如图 2-148 所示。

按住 Alt 键将控制点拖曳到适当的位置，控制点将增加两个手柄，如图 2-149 所示。用手柄可调节线段的弯曲度，如图 2-150 所示。

图 2-147	图 2-148	图 2-149	图 2-150

2.2.8 套索工具

将资源包中的"基础素材 > Ch02 > 05"文件导入舞台窗口中，按 Ctrl+B 组合键将位图打散。选择"套索"工具 ♀，用鼠标指针在位图上任意勾画想要的区域，最后形成一个封闭的选区，如图 2-151 所示；松开鼠标，选区中的图像被选中，如图 2-152 所示。

图 2-151　　　　　　　　　　　　　　　　　图 2-152

2.2.9　多边形工具

将资源包中的"基础素材 > Ch02 > 06"文件导入舞台窗口中，按 Ctrl+B 组合键将位图打散。选择"多边形"工具，在图像上单击确定第一个定位点，将鼠标指针移至下一个定位点再单击，用相同的方法直到勾画出想要的图像，并形成一个封闭的选区，如图 2-153 所示。双击将选区中的图像选中，如图 2-154 所示。

图 2-153　　　　　　　　　　　　　　　　　图 2-154

2.2.10　魔术棒工具

选择"魔术棒"工具，将鼠标指针放在位图上，鼠标指针变为，如图 2-155 所示。在位图上单击，与单击点颜色相近的图像区域被选中，如图 2-156 所示。

图 2-155　　　　　　　　　　　　　　　　　图 2-156

可以在"魔术棒"工具的"属性"面板中设置阈值和平滑程度，如图 2-157 所示。设置不同数值后，所产生的效果如图 2-158 所示。

（a）阈值为 10 时选取的图像区域　　　（b）阈值为 60 时选取的图像区域

图 2-157　　　　　　　　　　　　　　　　图 2-158

2.3 图形的编辑

使用图形的编辑工具可以改变图形的色彩、线条和形态等属性，创建充满变化的图形效果。

2.3.1 课堂案例——绘制引导页中的汉堡

案例学习目标

使用不同的工具完成汉堡的填充。

案例知识要点

使用"颜料桶"工具、"墨水瓶"工具、"任意变形"工具、"渐变变形"工具完成引导页中的汉堡绘制。引导页中的汉堡效果如图 2-159 所示。

效果所在位置

资源包 > Ch02 > 效果 >绘制引导页中的汉堡.fla。

图 2-159

绘制引导页中的汉堡

STEP 1 选择"文件 > 打开"命令，在弹出的"打开"对话框中选择资源包中的"Ch02 > 素材 > 绘制引导页中的汉堡 > 01"文件，单击"打开"按钮将其打开，如图 2-160 所示。

STEP 2 选择"窗口 > 颜色"命令，弹出"颜色"面板。单击"笔触颜色"按钮，将其设为无，单击"填充颜色"按钮，在"颜色类型"下拉列表框中选择"线性渐变"选项，在色带上将左边的颜色控制点设为黄色（#FFCC66），将右边的颜色控制点设为黄色（FFCC99），生成渐变色，如图 2-161 所示。

STEP 3 选择"颜料桶"工具，在图 2-162 所示的圆形内部单击以填充渐变色，效果如图 2-163 所示。

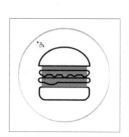

图 2-160　　　　　　　图 2-161　　　　　　　图 2-162　　　　　　　图 2-163

STEP 4 选择"渐变变形"工具，在填充了渐变色的圆形上单击，圆形的周围会出现控制框，如图 2-164 所示。将鼠标指针放在外侧圆形的控制点上，当鼠标指针变为 时，如图 2-165 所示，向左上方拖曳控制点，改变渐变色的位置及倾斜度，效果如图 2-166 所示。

图 2-164　　　　　　　图 2-165　　　　　　　图 2-166

STEP 5 选择"选择"工具 ▶，选中图 2-167 所示的图形。在工具箱中将"填充颜色"设为橘黄色（#FF9900），效果如图 2-168 所示。

图 2-167　　　　　　　图 2-168

STEP 6 选择"颜料桶"工具 ◇，将鼠标指针放置在图 2-169 所示的位置，单击图形以填充颜色，效果如图 2-170 所示。选择"任意变形"工具 ▦，在刚填充的图形的内部单击，图形的周围出现控制框，如图 2-171 所示。

图 2-169　　　　　　　图 2-170　　　　　　　图 2-171

STEP 7 将中心点拖曳至下边线的中心点上，如图 2-172 所示。将鼠标指针放置在上边线的中心点上，当鼠标指针变为 ↕ 时，如图 2-173 所示，单击并向下拖曳到适当的位置，缩小图形，效果如图 2-174 所示。

图 2-172　　　　　　　图 2-173　　　　　　　图 2-174

STEP 8 在工具箱中将"填充颜色"设为黄色（#FFFF00）。选择"颜料桶"工具 ，将鼠标指针放置在图 2-175 所示的位置，单击图形以填充颜色，效果如图 2-176 所示。在工具箱中将"填充颜色"设为绿色（#99CC33），在相应的图形中单击以填充颜色，效果如图 2-177 所示。

图 2-175

图 2-176

图 2-177

STEP 9 选择"墨水瓶"工具 ，在其"属性"面板中将"笔触颜色"设为黑色，"笔触"宽度设为 5，其他设置如图 2-178 所示。将鼠标指针放置在红色矩形的边线上，如图 2-179 所示，单击为矩形添加边线，效果如图 2-180 所示。引导页中的汉堡绘制完成，按 Ctrl+Enter 组合键即可查看效果。

图 2-178

图 2-179

图 2-180

2.3.2 墨水瓶工具

使用"墨水瓶"工具可以修改矢量图形的边线。

打开资源包中的"基础素材 > Ch02 > 07"文件，如图 2-181 所示。选择"墨水瓶"工具 ，在其"属性"面板中设置笔触颜色、笔触大小、笔触样式以及笔触宽度，如图 2-182 所示。

图 2-181

图 2-182

当鼠标指针变为 时，在图形上单击，即可为图形增加设置好的边线，如图 2-183 所示。在"墨水瓶"工具的"属性"面板中设置不同的属性，所绘制的边线效果也不同，如图 2-184 所示。

图 2-183 图 2-184

2.3.3 颜料桶工具

打开资源包中的"基础素材 > Ch02 > 08"文件，如图 2-185 所示。选择"颜料桶"工具 ，在其"属性"面板中将"填充颜色"设为绿色（#99CC33），如图 2-186 所示。在线框内单击以填充颜色，如图 2-187 所示。

在工具箱的下方，系统设置了 4 种间隔大小，如图 2-188 所示。

图 2-185 图 2-186 图 2-187 图 2-188

"不封闭空隙"模式：选择此模式时，只有在完全封闭的区域，才能填充颜色。

"封闭小空隙"模式：选择此模式时，当边线上存在小空隙时，允许填充颜色。

"封闭中等空隙"模式：选择此模式时，当边线上存在中等空隙时，允许填充颜色。

"封闭大空隙"模式：选择此模式时，当边线上存在大空隙时，允许填充颜色；如果空隙是小空隙或是中等空隙，也可以填充颜色。

根据线框空隙的大小，应用不同的模式来填充颜色，效果如图 2-189 所示。

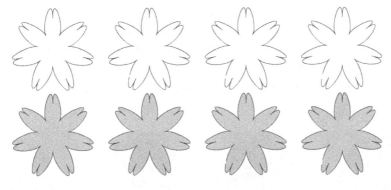

（a）不封闭空隙模式 （b）封闭小空隙模式 （c）封闭中等空隙模式 （d）封闭大空隙模式

图 2-189

"锁定填充"按钮 ：可以对填充颜色进行锁定，锁定后填充颜色不能被更改。

没有单击此按钮时，填充颜色可以根据需要进行变更，如图 2-190 所示。

单击此按钮后，将鼠标指针放置在要填充颜色的图形上，鼠标指针变为 ⬥，填充颜色被锁定，不能随意变更，如图 2-191 所示。

图 2-190   图 2-191

2.3.4　宽度工具

使用"宽度"工具可以修改笔触宽度，还可以将调整后的笔触保存为样式，以便应用于其他图形。

选择"线条"工具 ✐，在舞台窗口中绘制一条线段，如图 2-192 所示。选择"宽度"工具 ≈，将鼠标指针放置在边线上，当鼠标指针变为 ▸₊ 时，如图 2-193 所示，单击并拖曳鼠标，更改笔触的宽度，如图 2-194 所示，松开鼠标后的效果如图 2-195 所示。用相同的方法更改其他位置的笔触宽度，效果如图 2-196 所示。

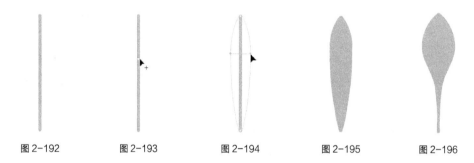

图 2-192　　　　图 2-193　　　　图 2-194　　　　图 2-195　　　　图 2-196

2.3.5　滴管工具

使用"滴管"工具 ✐ 可以吸取矢量图形的线型和色彩，然后利用"颜料桶"工具 ⬥ 快速修改其他矢量图形内部的填充色；利用"墨水瓶"工具 ⬥，可以快速修改其他矢量图形的边框颜色及线形。

1.　吸取填充色

打开资源包的"基础素材 > Ch02 > 09"文件，如图 2-197 所示。选择"滴管"工具 ✐，将鼠标指针放置在图 2-198 所示的位置，鼠标指针变为 ✐，单击图形吸取填充色样本，单击后鼠标指针变为 ⬥，表示填充色被锁定，如图 2-199 所示。

在工具箱的下方，取消对"锁定填充"按钮 ▦ 的选取，鼠标指针变为 ⬥，在右边图形的填充色上单击，图形的颜色被修改，如图 2-200 所示。

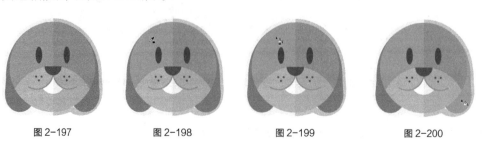

图 2-197　　　　　图 2-198　　　　　图 2-199　　　　　图 2-200

2. 吸取边框属性

选择"滴管"工具 ✐，将鼠标指针放在左边图形的外边框上，当鼠标指针变为 ✐ 时，在外边框上单击吸取边框样本，如图 2-201 所示。单击后鼠标指针变为 ✎，在右边图形的外边框上单击，线条的颜色和样式被修改，如图 2-202 所示。

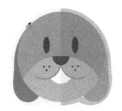 

图 2-201 图 2-202

3. 吸取位图图案

使用"滴管"工具可以吸取从外部导入的位图图案。将资源包中的"基础素材 > Ch02 > 10"文件导入舞台窗口中，如图 2-203 所示，按 Ctrl+B 组合键将位图分离。在舞台窗口中绘制一个圆形，如图 2-204 所示。

选择"滴管"工具 ✐，将鼠标指针放在位图上，当鼠标指针变为 ✐ 时，单击吸取图案样本，如图 2-205 所示。单击后，鼠标指针变为 ✎，在圆形边框的内部单击，图形被图案填充，如图 2-206 所示。

图 2-203 图 2-204 图 2-205 图 2-206

选择"渐变变形"工具 ▣，单击被填充图案样本的圆形，出现控制框，如图 2-207 所示。将鼠标指针放在左下方的控制点上，鼠标指针变为 ↗，单击控制点并向中心方向拖曳，如图 2-208 所示，填充图案变小，松开鼠标，效果如图 2-209 所示。

图 2-207 图 2-208 图 2-209

4. 吸取文字属性

使用"滴管"工具可以吸取文字的颜色。选择要修改的目标文字，如图 2-210 所示。选择"滴管"工具 ✐，将鼠标指针放在源文字上，鼠标指针变为 ✐，如图 2-211 所示。单击源文字，源文字的颜色被应用到了目标文字上，如图 2-212 所示。

| 图 2-210 | 图 2-211 | 图 2-212 |

2.3.6 橡皮擦工具

打开资源包中的"基础素材 > Ch02 > 11"文件，如图 2-213 所示。选择"橡皮擦"工具 ◆，在图形上想要删除的地方按住鼠标左键并拖曳鼠标，图形被擦除，如图 2-214 所示。在"橡皮擦"工具"属性"面板"橡皮擦形状"按钮 ● 的下拉菜单中，可以选择橡皮擦的形状，拖曳"大小"选项的滑块可以调整橡皮擦的大小。

如果想得到特殊的擦除效果，系统在工具箱的下方设置了 5 种橡皮擦模式，如图 2-215 所示。

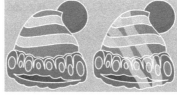

| 图 2-213 | 图 2-214 | 图 2-215 |

"标准擦除"模式：擦除同一图层的线条和填充。选择此模式擦除图形的前后对照效果如图 2-216 所示。

"擦除填色"模式：仅擦除填充区域，其他部分（如边框线）不受影响。选择此模式擦除图形的前后对照效果如图 2-217 所示。

"擦除线条"模式：仅擦除图形的线条部分，不影响其填充部分。选择此模式擦除图形的前后对照效果如图 2-218 所示。

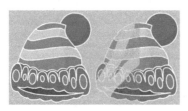

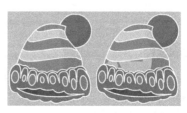

| 图 2-216 | 图 2-217 | 图 2-218 |

"擦除所选填充"模式：仅擦除已经选择的填充部分，不影响其他未被选择的部分。如果场景中没有任何填充被选择，那么擦除命令无效。选择此模式擦除图形的前后对照效果如图 2-219 所示。

"内部擦除"模式：仅擦除起点所在的填充区域部分，不影响线条填充区域外的部分。选择此模式擦除图形的前后对照效果如图 2-220 所示。

| 图 2-219 | 图 2-220 |

要想快速删除舞台中的所有对象，双击"橡皮擦"工具按钮◆即可。

要想删除向量图形上的线段或填充区域，可以选择"橡皮擦"工具◆，再单击工具箱中的"水龙头"按钮 ，然后单击舞台上想要删除的线段或填充区域即可，如图 2-221 和图 2-222 所示。

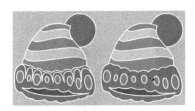
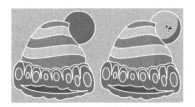

图 2-221　　　　　　　　　　　　　　　　图 2-222

提示

因为导入的位图和文字不是矢量图形，不能擦除它们的部分或全部，所以必须先选择"修改 > 分离"命令，将它们分离成矢量图形，才能使用"橡皮擦"工具擦除它们的部分或全部。

2.3.7　任意变形工具

在制作图形的过程中，可以应用"任意变形"工具来改变图形的大小及倾斜度。

打开资源包中的"基础素材 > Ch02 > 12"文件，如图 2-223 所示。选择"任意变形"工具 ，框选图形，在图形的周围出现控制框，如图 2-224 所示。按住 Alt+Shift 组合键的同时拖曳控制点，可以非中心等比例改变图形的大小，如图 2-225 和图 2-226 所示。（按住 Shift 键的同时拖曳控制点，可以以中心点等比例缩放图形；按住 Alt 键的同时拖曳控制点，可以非中心缩放图形。）

图 2-223　　　　　　图 2-224　　　　　　图 2-225　　　　　　图 2-226

当鼠标指针位于 4 个角的控制点上时变为 ，如图 2-227 所示。单击控制点并拖曳可以旋转图形，如图 2-228 和图 2-229 所示。

图 2-227　　　　　　　图 2-228　　　　　　　图 2-229

系统在工具箱的下方设置了 4 个变形按钮，如图 2-230 所示。

"旋转与倾斜"按钮 ☞：选中图形，单击"旋转与倾斜"按钮 ☞，将鼠标指针放在图形中间的控制点上，鼠标指针变为 ⇆；按住鼠标左键不放，向右水平拖曳控制点，如图 2-231 所示；松开鼠标，图形倾斜，如图 2-232 所示。

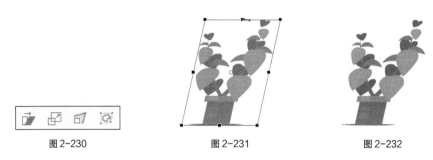

图 2-230　　　　　　　图 2-231　　　　　　　图 2-232

"缩放"按钮 ⊡：选中图形，单击"缩放"按钮 ⊡，将鼠标指针放在图形右上方的控制点上，鼠标指针变为 ⤢，如图 2-233 所示；按住鼠标左键不放，向左下方拖曳控制点到适当的位置，如图 2-234 所示；松开鼠标，图形变小，如图 2-235 所示。

图 2-233　　　　　　　图 2-234　　　　　　　图 2-235

"扭曲"按钮 ◰：选中图形，单击"扭曲"按钮 ◰，将鼠标指针放在图形右上方的控制点上，鼠标指针变为 ▷；按住鼠标左键不放，向左下方拖曳控制点到适当的位置，如图 2-236 所示；松开鼠标，图形扭曲，如图 2-237 所示。

"封套"按钮 ⊡：选中图形，单击"封套"按钮 ⊡，图形周围出现一些控制点，可以调节这些控制点来改变图形的形状；当鼠标指针变为 ▷ 时，拖曳控制点，如图 2-238 所示；松开鼠标，图形变形，如图 2-239 所示。

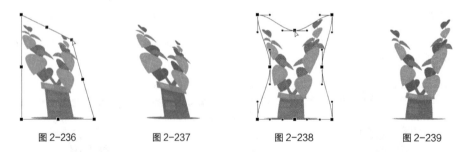

图 2-236　　　　　图 2-237　　　　　图 2-238　　　　　图 2-239

2.3.8　渐变变形工具

打开资源包中的"基础素材 > Ch02 > 13"文件，使用"渐变变形"工具可以改变选中图形中的填充渐变效果。当图形填充色为线性渐变色时，选择"渐变变形"工具 ▣，单击图形，出现 3 个控制点和两条平行线，如图 2-240 所示。向图形中间拖曳缩放控制点，渐变区域缩小，如图 2-241 所示，效果如图 2-242 所示。

将鼠标指针放在旋转控制点上，鼠标指针变为，拖曳旋转控制点来改变渐变区域的角度，如图 2-243 所示，效果如图 2-244 所示。

图 2-240　　　　　图 2-241　　　　　图 2-242　　　　　图 2-243　　　　　图 2-244

当图形填充色为径向渐变色时，选择"渐变变形"工具，单击图形，出现 4 个控制点和一个圆形边框，如图 2-245 所示。将鼠标指针放在圆形边框的水平缩放控制点上，鼠标指针变为↔，向右拖曳方向控制点，水平拉伸渐变区域，如图 2-246 所示，效果如图 2-247 所示。

图 2-245　　　　　　　　　图 2-246　　　　　　　　　图 2-247

将鼠标指针放置在圆形边框的等比例缩放控制点上，鼠标指针变为，向图形内部拖曳鼠标，缩小渐变区域，如图 2-248 所示，效果如图 2-249 所示。将鼠标指针放置在圆形边框的旋转控制点上，鼠标指针变为，向上拖曳旋转控制点，改变渐变区域的角度，如图 2-250 所示，效果如图 2-251 所示。

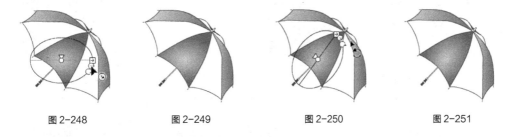

图 2-248　　　　　图 2-249　　　　　图 2-250　　　　　图 2-251

 提示

通过拖曳中心控制点可以改变渐变区域的位置。

2.3.9　手形工具和缩放工具

"手形"工具和"缩放"工具都是辅助工具，它们并不能直接创建和修改图形，而只是在创建和修改图形的过程中辅助用户进行操作。

1."手形"工具

如果图形很大或被放大到很大，那么需要利用"手形"工具调整观察区域。选择"手形"工具，鼠标指针变为，按住鼠标左键不放，拖曳图形到需要的位置，如图 2-252 所示。

图 2-252

 提示

当使用其他工具时，按空格键即可切换到"手形"工具 ✋ 。双击"手形"工具按钮 ✋ ，将自动调整图像大小以适应屏幕的显示范围。

2."缩放"工具

利用"缩放"工具可以放大图形以便观察细节，缩小图形以便观看整体效果。选择"缩放"工具 🔍 ，在舞台中单击可放大图形，如图 2-253 所示。

要想放大图形中的局部区域，可在图形上拖曳出一个矩形选取框，如图 2-254 所示；松开鼠标后，所选中的局部图形被放大，如图 2-255 所示。

单击工具箱下方的"缩小"按钮 🔍 ，在舞台中单击可缩小图形，如图 2-256 所示。

图 2-253　　　　　　　　　　　　　　　　　　图 2-254

图 2-255　　　　　　　　　　　　　　图 2-256

 提示

当使用"放大"按钮 🔍 时，按住 Alt 键并单击也可缩小图形。双击"缩放"工具按钮 🔍 ，可以使场景恢复到100%的显示比例。

2.4　图形的色彩

根据设计的要求，可以用"纯色编辑"面板、"颜色"面板和"样本"面板来设置所需的纯色、渐变色和颜色样本等。

2.4.1　课堂案例——绘制美食 App 图标

案例学习目标

使用浮动面板设置图形的颜色。

案例知识要点

使用"基本矩形"工具、"颜色"面板和"渐变变形"工具完成美食 App 图标的绘制。美食 App 图标效果如图 2-257 所示。

效果所在位置

资源包 > Ch02 > 效果 > 绘制美食 App 图标.fla。

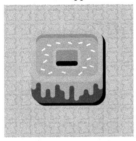

图 2-257

绘制美食 App 图标

STEP 1 选择"文件 > 打开"命令，在弹出的"打开"对话框中选择资源包中的"Ch02 > 素材 > 绘制美食 App 图标 > 01"文件，单击"打开"按钮将其打开，如图 2-258 所示。

STEP 2 选择"选择"工具 ▶，在舞台窗口中选中灰色矩形，如图 2-259 所示。选择"窗口 > 颜色"命令，弹出"颜色"面板，单击"笔触颜色"按钮 ✎ ■，将其设为无，单击"填充颜色"按钮 ✎ □，在"颜色类型"下拉列表框中选择"径向渐变"选项，在色带上将左边的颜色控制点设为浅黄色（#FFF100），将右边的颜色控制点设为黄色（#FCC900），生成渐变色如图 2-260 所示，效果如图 2-261 所示。

图 2-258

图 2-259

图 2-260

图 2-261

STEP 3 选择"文件 > 导入 > 导入到库"命令，在弹出的"导入到库"对话框中选择资源包中的"Ch02 > 素材 > 绘制美食 App 图标 > 02"文件，单击"打开"按钮，将选中的文件导入"库"面板中，如图 2-262 所示。单击"时间轴"面板中的"新建图层"按钮，创建新图层并将其命名为"图案"，如图 2-263 所示。

图 2-262 图 2-263

STEP 4 在"颜色"面板中单击"填充颜色"按钮，在"颜色类型"下拉列表框中选择"位图填充"选项，如图 2-264 所示。选择"基本矩形"工具，在舞台窗口中绘制一个与舞台窗口大小相同的矩形，效果如图 2-265 所示。

STEP 5 选择"渐变变形"工具，在填充的位图上单击，周围出现控制框，如图 2-266 所示。向内拖曳左下方的控制点改变图案大小，效果如图 2-267 所示。

图 2-264　　　　　　　图 2-265　　　　　　　图 2-266　　　　　　　图 2-267

STEP 6 在"时间轴"面板中单击"图案"图层，将该层中的对象全部选中。按 Ctrl+F8 组合键，在弹出的"转换为元件"对话框中进行设置，如图 2-268 所示。单击"确定"按钮，将其转换为图形元件。选择"选择"工具，在舞台窗口中选中"图案"实例，在图形"属性"面板"色彩效果"选项组的"样式"下拉列表框中选择"Alpha"选项，将其值设为 30，如图 2-269 所示，舞台窗口中的效果如图 2-270 所示。

图 2-268　　　　　　　图 2-269　　　　　　　图 2-270

STEP 7 按住 Shift 键的同时选中图 2-271 所示的圆角矩形，在"颜色"面板中单击"填充颜色"按钮 ，将其设为黑色，单击"笔触颜色"按钮 ，将其设为无，效果如图 2-272 所示。

图 2-271

图 2-272

STEP 8 选中图 2-273 所示的圆角矩形，在"颜色"面板中单击"填充颜色"按钮 ，将其设为深红色（#5E1818），单击"笔触颜色"按钮 ，将其设为无，效果如图 2-274 所示。

STEP 9 按住 Shift 键的同时选中图 2-275 所示的图形，在"颜色"面板中单击"填充颜色"按钮 ，将其设为粉色（#F08D7E），单击"笔触颜色"按钮 ，将其设为无，效果如图 2-276 所示。

图 2-273

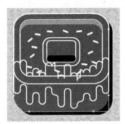

图 2-274

图 2-275

图 2-276

STEP 10 按住 Shift 键的同时选中图 2-277 所示的圆角矩形，在"颜色"面板中单击"填充颜色"按钮 ，将其设为粉色（#F3A599），单击"笔触颜色"按钮 ，将其设为无，效果如图 2-278 所示。

STEP 11 选中图 2-279 所示的圆角矩形，在"颜色"面板中单击"填充颜色"按钮 ，将其设为橘红色（#E5624B），单击"笔触颜色"按钮 ，将其设为无，效果如图 2-280 所示。美食 App 图标绘制完成，按 Ctrl+Enter 组合键即可查看效果。

图 2-277

图 2-278

图 2-279

图 2-280

2.4.2 纯色编辑面板

在工具箱的下方单击"填充颜色"按钮 ，弹出"纯色"面板，如图 2-281 所示，在该面板中可以选择系统设置好的颜色。如果想自行设定颜色，则单击面板右上方的颜色选择按钮 ，弹出"颜色选择器"面板，在面板左侧的颜色选择区中，可以选择颜色的明度和饱和度。垂直方向表示的是明度的变化，水平方向表示的是饱和度的变化。选择要自定义的颜

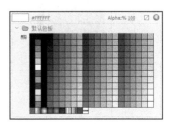

图 2-281

色，如图 2-282 所示。拖曳面板右侧的滑块来设定颜色的亮度，如图 2-283 所示。

设定颜色后，在面板右上方的颜色框中预览设定结果，如图 2-284 所示，右下方是所选颜色的明度、亮度、透明度、红绿蓝和十六进制表示的数。选择好颜色后，单击"确定"按钮，所选择的颜色将变为工具箱中的填充颜色。

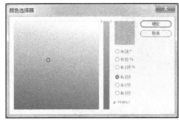  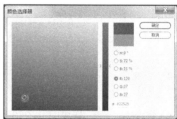

图 2-282　　　　　　　　　　图 2-283　　　　　　　　　　图 2-284

2.4.3　颜色面板

选择"窗口 > 颜色"命令，或按 Ctrl+Shift+F9 组合键，弹出"颜色"面板。

1. 自定义纯色

在"颜色"面板的"颜色类型"下拉列表框中选择"纯色"选项，如图 2-285 所示。

"笔触颜色"按钮 ：可以设定矢量线条的颜色。

"填充颜色"按钮 ：可以设定填充的颜色。

"黑白"按钮 ：单击此按钮，线条的颜色与填充色恢复为系统默认的状态。

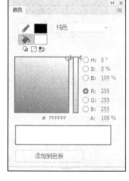

"无色"按钮 ：用于取消矢量线条或填充色块的颜色。当选择"椭圆"工具 或"矩形"工具 时，此按钮为可用状态。

"交换颜色"按钮 ：单击此按钮，可以将线条颜色和填充色相互切换。

"H""S""B"和"R""G""B"选项：可以用精确数值来设定颜色。

"A"选项：用于设定颜色的不透明度，数值选取范围为 0 ~ 100。

"添加到色板"按钮：单击此按钮，可以将选中的颜色保存到色板中。

在面板左侧中间的颜色选择区域内，可以根据需要选择相应的颜色。

图 2-285

2. 自定义线性渐变色

在"颜色"面板的"颜色类型"下拉列表框中选择"线性渐变"选项，如图 2-286 所示。将鼠标指针放在滑动色带上，鼠标指针变为 ，如图 2-287 所示。在色带上单击增加颜色控制点，并在面板下方为新增加的控制点设定颜色及明度，如图 2-288 所示。当要删除控制点时，将控制点向色带下方拖曳即可。

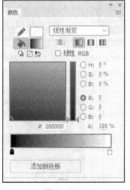 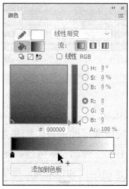 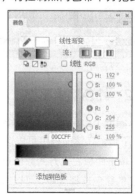

图 2-286　　　　　　　　　　图 2-287　　　　　　　　　　图 2-288

3. 自定义径向渐变色

在"颜色"面板的"颜色类型"下拉列表框中选择"径向渐变"选项，如图 2-289 所示。用与定义线性渐变色相同的方法在色带上定义径向渐变色，定义完成后，面板的下方会显示定义的渐变色，如图 2-290 所示。

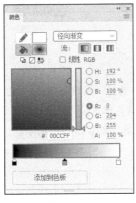　　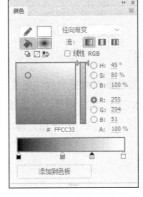

图 2-289　　　　　　　　　　　　　　　图 2-290

4. 自定义位图填充

在"颜色"面板的"颜色类型"下拉列表框中选择"位图填充"选项，如图 2-291 所示。弹出"导入到库"对话框，在对话框中选择要导入的图片，如图 2-292 所示。单击"打开"按钮，将图片导入"颜色"面板中，如图 2-293 所示。

图 2-291　　　　　　　　　　图 2-292　　　　　　　　　　图 2-293

选择"多角星形"工具 ⬤，在舞台窗口中绘制一个五边形，五边形被刚才导入的位图所填充，如图 2-294 所示。

选择"渐变变形"工具 ▣，在填充位图上单击，出现控制框，如图 2-295 所示。向右上方拖曳左下方的缩放控制点，如图 2-296 所示，松开鼠标即可缩小位图。

向左上方拖曳右上方的旋转控制点，可以改变填充位图的角度，如图 2-297 所示。松开鼠标后效果如图 2-298 所示。

图 2-294 图 2-295 图 2-296 图 2-297 图 2-298

2.4.4 样本面板

在"样本"面板中可以选择系统提供的纯色或渐变色。选择"窗口 > 样本"命令，或按 Ctrl+F9 组合键，弹出"样本"面板，如图 2-299 所示。在面板中部的纯色样本区，系统提供了 216 种纯色，面板下方是渐变色样本区。单击面板右上方的 ☰ 按钮，弹出下拉菜单，如图 2-300 所示。

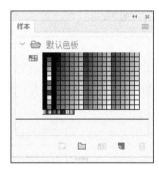

图 2-299

图 2-300

"删除"命令：可以将选中的颜色删除。

"复制为色板"命令：可以复制选中的颜色。

"复制为调色板"命令：可以在新建文件夹中创建调色板。

"复制为文件夹"命令：可以将选中的颜色创建为新的文件夹。

"添加颜色"命令：可以将系统中保存的颜色文件添加到面板中。

"替换颜色"命令：可以将选中的颜色替换成系统中保存的颜色文件。

"保存颜色"命令：可以将编辑好的颜色保存到系统中，方便再次调用。

"保存为默认值"命令：可以用编辑好的颜色替换系统默认的颜色文件，在创建新文档时自动替换。

"清除颜色"命令：可以清除当前面板中的所有颜色，只保留黑色与白色。

"加载默认颜色"命令：可以将面板中的颜色恢复到系统默认的颜色状态中。

"Web 216 色"命令：可以调出系统自带的符合互联网标准的色彩。

"锁定"命令：可以将样本面板锁定。

"帮助"命令：选择此命令，将弹出帮助文件。

2.5 课堂练习——绘制卡通小汽车

练习知识要点

使用"矩形"工具、"基本矩形"工具、"椭圆"工具、"钢笔"工具完成卡通小汽车的绘制。卡通小汽车效果如图 2-301 所示。

效果所在位置

资源包 > Ch02 > 效果 > 绘制卡通小汽车.fla。

图 2-301

绘制卡通小汽车

2.6 课后习题——绘制小篷车

习题知识要点

使用"线条"工具绘制小篷车车厢，使用"椭圆"工具绘制车轮图形。小篷车效果如图 2-302 所示。

效果所在位置

资源包 > Ch02 > 效果 > 绘制小篷车.fla。

图 2-302

绘制小篷车

Chapter

3

第 3 章
对象的编辑与修饰

使用工具栏中的工具创建的向量图形比较单调，如果能结合修改菜单命令修改图形，就可以改变原图形的形状和线条等，并且可以将多个图形组合起来达到所需要的图形效果。本章将详细介绍 Animate CC 2019 编辑和修饰对象的功能。通过对本章的学习，读者可以掌握编辑和修饰对象的各种方法和技巧，并能根据具体对象，灵活地应用编辑和修饰功能。

课堂学习目标

- 掌握对象的变形方法和技巧
- 掌握对象的修饰方法
- 熟练运用"对齐"面板与"变形"面板编辑对象

3.1　对象的变形

应用各种变形命令可以对选择的对象进行变形修改操作，如扭曲、缩放、倾斜、旋转和封套等。还可以根据需要对对象进行组合、分离、叠放和对齐等一系列操作，从而达到制作的要求。

3.1.1　课堂案例——绘制闪屏页中的插画

⊕ 案例学习目标

使用不同的变形命令编辑图形。

⊕ 案例知识要点

使用"椭圆"工具、"任意变换"工具和"矩形"工具绘制表盘图形，使用"多角星形"工具、"垂直翻转"命令制作指针图形，使用"对齐"命令将对象居中对齐。闪屏页中的插画效果如图 3-1 所示。

⊕ 效果所在位置

资源包 > Ch03 > 效果 > 绘制闪屏页中的插画.fla。

图 3-1

绘制闪屏页中的插画 1　　绘制闪屏页中的插画 2

1.　绘制刻度盘

STEP ⬆1 选择"文件 > 新建"命令，弹出"新建文档"对话框。在"详细信息"选项组中将"宽"选项设为 320，"高"选项设为 360，在"平台类型"下拉列表框中选择"ActionScript 3.0"选项，单击"创建"按钮，完成文档的创建。

STEP ⬆2 将"图层_1"重命名为"圆形"，如图 3-2 所示。选择"椭圆"工具 ◎，在工具箱中将"笔触颜色"设为无，"填充颜色"设为黑色（#231916），单击工具箱下方的"对象绘制"按钮 ◎，按住 Shift 键的同时在舞台窗口中绘制一个圆形。

STEP ⬆3 选择"选择"工具 ▶，选中舞台窗口中的黑色圆形，在绘制对象"属性"面板中将"宽"选项和"高"选项均设为 282，"X"选项设为 18，"Y"选项设为 59，如图 3-3 所示，效果如图 3-4 所示。

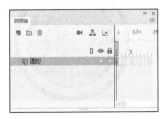

图 3-2

图 3-3

图 3-4

STEP 4 按 Ctrl+C 组合键复制圆形，按 Ctrl+Shift+V 组合键将复制的图形原位粘贴。选择"任意变形"工具 ，图形的周围出现控制框，如图 3-5 所示。将鼠标指针放置在右上方的控制点上，鼠标指针变为 ，按住 Alt+Shift 组合键的同时向左下方拖曳控制点到适当的位置，如图 3-6 所示，松开鼠标缩小图形。在工具箱中将"填充颜色"设为白色，效果如图 3-7 所示。

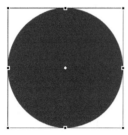
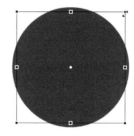

图 3-5　　　　　　　　　图 3-6　　　　　　　　　图 3-7

STEP 5 按 Ctrl+Shift+V 组合键，将复制的图形原位粘贴。选择"任意变形"工具 ，图形的周围出现控制框。将鼠标指针放置在右上方的控制点上，鼠标指针变为 ，按住 Alt+Shift 组合键的同时向左下方拖曳控制点到适当的位置，如图 3-8 所示，松开鼠标缩小图形。

STEP 6 按 Ctrl+Shift+V 组合键，将复制的图形原位粘贴。选择"任意变形"工具 ，图形的周围出现控制框。将鼠标指针放置在右上方的控制点上，鼠标指针变为 ，按住 Alt+Shift 组合键的同时向左下方拖曳控制点到适当的位置，如图 3-9 所示，松开鼠标缩小图形。在工具箱中将"填充颜色"设为蓝色（#70C1E9），效果如图 3-10 所示。

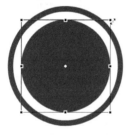
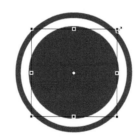
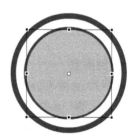

图 3-8　　　　　　　　　图 3-9　　　　　　　　　图 3-10

STEP 7 按 Ctrl+C 组合键复制蓝色圆形。在"时间轴"面板中创建新图层，并将其命名为"内阴影"，如图 3-11 所示。按 Ctrl+Shift+V 组合键，将复制的圆形原位粘贴到"内阴影"图层中。在工具箱中将"填充颜色"设为深蓝色（#65ADD1），效果如图 3-12 所示。按 Ctrl+B 组合键将图形打散，效果如图 3-13 所示。

图 3-11　　　　　　　　　图 3-12　　　　　　　　　图 3-13

STEP 8 选择"选择"工具 ▶，选中图 3-14 所示的图形，按住 Alt+Shift 组合键的同时向下拖曳图形到适当的位置，复制图形，效果如图 3-15 所示。按 Delete 键将复制的图形删除，效果如图 3-16 所示。

图 3-14　　　　　　　　　　图 3-15　　　　　　　　　　图 3-16

STEP 9 在"时间轴"面板中创建新图层，并将其命名为"刻度"。选择"矩形"工具 ▫，在其"属性"面板中将"笔触颜色"设为无，"填充颜色"设为深蓝色（#4186AE），在舞台窗口中绘制一个矩形，如图 3-17 所示。

STEP 10 选择"选择"工具 ▶，选中图 3-18 所示的图形，按住 Alt+Shift 组合键的同时向下拖曳图形到适当的位置，复制图形，效果如图 3-19 所示。

图 3-17　　　　　　　　　　图 3-18　　　　　　　　　　图 3-19

STEP 11 在"时间轴"面板中单击"刻度"图层，将该层中的对象全部选中，如图 3-20 所示。按 Ctrl+G 组合键将选中的对象编组，效果如图 3-21 所示。

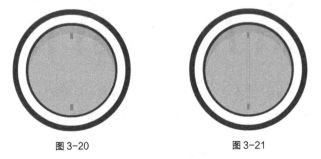

图 3-20　　　　　　　　　　图 3-21

STEP 12 按 Ctrl+T 组合键，弹出"变形"面板，单击"重制选区和变形"按钮 ⬚，复制一个图形。将"旋转"选项设为 45，如图 3-22 所示，效果如图 3-23 所示。单击"重制选区和变形"按钮 ⬚ 两次复制图形，效果如图 3-24 所示。

图 3-22

图 3-23

图 3-24

在"时间轴"面板中，按住 Ctrl 键的同时选中"圆形"图层和"刻度"图层，如图 3-25 所示。选择"修改 > 对齐 > 水平居中"命令，将选中的图形水平居中对齐，效果如图 3-26 所示。选择 "修改 > 对齐 > 垂直居中"命令，将选中的图形垂直居中对齐，效果如图 3-27 所示。

图 3-25

图 3-26

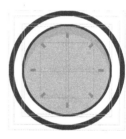

图 3-27

在"时间轴"面板中创建新图层，并将其命名为"文字"。选择"文本"工具 T，在 其"属性"面板中进行设置，在舞台窗口中适当的位置输入"大小"为 12，字体为"Showcard Gothic" 的黑色（#231916）英文，如图 3-28 所示。选择"选择"工具 ▶，选中英文"COMPASS"，如图 3-29 所示。按两次 Ctrl+B 组合键将其打散，效果如图 3-30 所示。

图 3-28

图 3-29

图 3-30

选择"修改 > 变形 > 封套"命令，文字周围出现控制框，如图 3-31 所示。调整各 个手柄将文字变形，效果如图 3-32 所示。按 Ctrl+G 组合键将其编组，效果如图 3-33 所示。

图 3-31

图 3-32

图 3-33

2. 绘制指针

STEP 1 在"时间轴"面板中创建新图层，并将其命名为"指针"。选择"多角星形"工具 ，在其"属性"面板中单击"工具设置"选项组中的"选项"按钮，弹出"工具设置"对话框，将"边数"选项设为 3，其他设置如图 3-34 所示，单击"确定"按钮，完成设置。将"填充颜色"设为红色（#EA5F61），"笔触颜色"设为黑色（#231916），"笔触"宽度设为 3，其他设置如图 3-35 所示。按住 Shift 键的同时在舞台窗口中绘制一个三角形，效果如图 3-36 所示。

图 3-34

图 3-35

图 3-36

STEP 2 选择"选择"工具 ，选中绘制的三角形，选择"修改 > 变形 > 封套"命令，文字周围出现控制框，如图 3-37 所示。调整各个手柄将文字变形，效果如图 3-38 所示。单击工具箱下方的"缩放"按钮 ，将中心点拖曳到图 3-39 所示的位置。

图 3-37

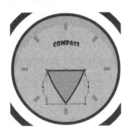

图 3-38

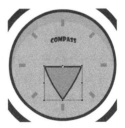

图 3-39

STEP 3 按 Ctrl+T 组合键，弹出"变形"面板，单击"重制选区和变形"按钮 ，复制一个图形。选择"修改 > 变形 > 垂直翻转"命令，将复制的图形垂直翻转，效果如图 3-40 所示。在工具箱中将"填充颜色"设为白色，效果如图 3-41 所示。

STEP 4 在"时间轴"面板中单击"指针"图层，将该层中的对象全部选中，按 Ctrl+G 组合键将选中的对象编组，效果如图 3-42 所示。

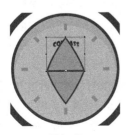

图 3-40

图 3-41

图 3-42

STEP 5 在"变形"面板中，将"旋转"选项设为 45，如图 3-43 所示，效果如图 3-44 所示。

图 3-43

图 3-44

STEP 6 在"时间轴"面板中，按住 Ctrl 键的同时选中"圆形"图层、"刻度"图层和"指针"图层，如图 3-45 所示。选择"修改 > 对齐 > 水平居中"命令，将选中的图形水平居中对齐，效果如图 3-46 所示。选择"修改 > 对齐 > 垂直居中"命令，将选中的图形垂直居中对齐，效果如图 3-47 所示。

图 3-45

图 3-46

图 3-47

STEP 7 在"时间轴"面板中创建新图层，并将其命名为"黑色圆形"，如图 3-48 所示。选择"椭圆"工具 ，在工具箱中将"笔触颜色"设为无，"填充颜色"设为黑色（#231916），按住 Shift 键的同时在舞台窗口中绘制一个圆形，效果如图 3-49 所示。

STEP 8 按 Ctrl+C 组合键复制图形。在"时间轴"面板中创建新图层，并将其命名为"圆形 2"，如图 3-50 所示。按 Ctrl+Shift+V 组合键，将复制的图形原位粘贴到"圆形 2"图层中。

图 3-48

图 3-49

图 3-50

STEP 9 选择"任意变形"工具 ，图形的周围出现控制框。将鼠标指针放置在右上方的控制点上，鼠标指针变为 ，按住 Alt+Shift 组合键的同时向左下方拖曳控制点到适当的位置，如图 3-51 所示，松开鼠标缩小图形。在工具箱中将"填充颜色"设为白色，效果如图 3-52 所示。用相同的方法制作出图 3-53 所示的效果。

图 3-51 图 3-52 图 3-53

STEP 在"时间轴"面板中将"黑色圆形"图层拖曳到"圆形"图层的下方,如图 3-54 所示,效果如图 3-55 所示。闪屏页中的插画绘制完成,按 Ctrl+Enter 组合键即可查看效果,如图 3-56 所示。

图 3-54 图 3-55 图 3-56

3.1.2 扭曲对象

打开资源包中的"基础素材 > Ch03 > 01"文件。按 Ctrl+A 组合键,将舞台窗口中的图形全部选中。选择"修改 > 变形 > 扭曲"命令,当前选中的图形上出现控制框,如图 3-57 所示。将鼠标指针放在右上方控制点上,鼠标指针变为 ,按住鼠标左键并向左下方拖曳控制点,如图 3-58 所示。拖曳 4 个角的控制点可以改变图形顶点的形状,效果如图 3-59 所示。

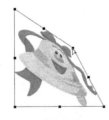

图 3-57 图 3-58 图 3-59

3.1.3 封套对象

选择"修改 > 变形 > 封套"命令,当前选择的图形上出现控制框,如图 3-60 所示。将鼠标指针放在控制点上,鼠标指针变为 ,按住鼠标左键并拖曳控制点到适当的位置,如图 3-61 所示。松开鼠标,图形产生相应的弯曲变化,效果如图 3-62 所示。

图 3-60 图 3-61 图 3-62

3.1.4 缩放对象

选择"修改 > 变形 > 缩放"命令，当前选择的图形上出现控制框，如图 3-63 所示。将鼠标指针放在右上方的控制点上，鼠标指针变为 ↗，按住 Alt 键的同时按住鼠标左键并向左下方拖曳控制点，如图 3-64 所示。松开鼠标，即可非中心缩小图形，效果如图 3-65 所示。

图 3-63   图 3-64   图 3-65

3.1.5 旋转与倾斜对象

选择"修改 > 变形 > 旋转与倾斜"命令，当前选择的图形上出现控制框，如图 3-66 所示。将鼠标指针放在右上方的控制点上，鼠标指针变为 ↻，按住鼠标左键并向右下方拖曳控制点，如图 3-67 所示。松开鼠标，旋转图形的角度，效果如图 3-68 所示。

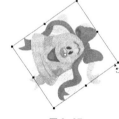

图 3-66   图 3-67   图 3-68

将鼠标指针放置在上方的边线上，鼠标指针变为 ⇌，如图 3-69 所示，按住鼠标左键并向右拖曳，如图 3-70 所示。松开鼠标，倾斜图形，效果如图 3-71 所示。

图 3-69   图 3-70   图 3-71

分别选择"修改 > 变形 > 顺时针旋转 90 度/逆时针旋转 90 度"命令，可以将图形按照规定的角度旋转，效果如图 3-72 和图 3-73 所示。

图 3-72   图 3-73

3.1.6　翻转对象

分别选择"修改 > 变形 > 垂直翻转/水平翻转"命令，可以将图形翻转，效果如图 3-74 和图 3-75 所示。

图 3-74　　　　　　　　　　　　　图 3-75

3.1.7　组合对象

打开资源包中的"基础素材 > Ch03 > 02"文件，选中多个图形，如图 3-76 所示。选择"修改 > 组合"命令，或按 Ctrl+G 组合键，可以将选中的图形组合，如图 3-77 所示。

图 3-76　　　　　　　　　　　　　　　　　　図 3-77

3.1.8　分离对象

要修改多个图形的组合，以及图像、文字或组件的一部分时，可以使用"修改 > 分离"命令。另外，在制作变形动画时，需要用"分离"命令将图形的组合、图像、文字或组件转变成图形。

打开资源包中的"基础素材 > Ch03 > 03"文件，选中组合图形，如图 3-78 所示。选择"修改 > 分离"命令，或按 Ctrl+B 组合键，将组合的图形打散，多次使用"分离"命令的效果如图 3-79 所示。

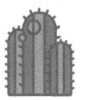

图 3-78　　　　　　　　　　　　　　　　図 3-79

3.1.9　叠放对象

在制作复杂图形时，多个图形的叠放次序不同，会产生不同的效果，可以选择"修改 > 排列"命令，再从其子菜单中实现不同的叠放效果。

打开资源包中的"基础素材 > Ch03 > 04"文件，选中要移动的图形，如图 3-80 所示。选择"修改 > 排列 > 移至底层"命令，可以将选中的图形移动到所有图形的底层，效果如图 3-81 所示。

图 3-80

图 3-81

提示

执行叠放操作的对象只能是图形的组合或组件。

3.1.10 对齐对象

当选择多个图形、图像的组合、组件时，可以选择"修改 > 对齐"命令，再从其子菜单中调整它们的相对位置。

选中多个图形，如图 3-82 所示。选择"修改 > 对齐 > 底对齐"命令，可以将所有图形的底部对齐，效果如图 3-83 所示。

图 3-82

图 3-83

3.2 对象的修饰

在制作动画的过程中，可以应用 Animate CC 2019 自带的一些命令对曲线进行优化，将线条转换为填充，对填充色进行修改或对填充边缘进行柔化处理。

3.2.1 课堂案例——绘制时尚插画

+ 案例学习目标

使用不同的绘图工具绘制图形，再使用不同的形状命令编辑图形。

+ 案例知识要点

使用"钢笔"工具和"颜料桶"工具绘制云彩，使用"椭圆"工具绘制太阳，使用"柔化填充边缘"命令制作云彩和太阳的虚化边缘效果。时尚插画效果如图 3-84 所示。

+ 效果所在位置

资源包 > Ch03 > 效果 > 绘制时尚插画.fla。

图 3-84

绘制时尚插画

1. 绘制小山和草地

STEP 1 在欢迎页的"详细信息"选项组中将"宽"选项设为 600，"高"选项设为 600，在"平台类型"下拉列表框中选择"ActionScript 3.0"选项，单击"创建"按钮，完成文档的创建。按 Ctrl+J 组合键，弹出"文档设置"对话框，将"舞台颜色"设为淡黄色（#F6F4DB），单击"确定"按钮，完成舞台颜色的修改。

STEP 2 将"图层_1"重命名为"小山 1"，如图 3-85 所示。选择"钢笔"工具 ，在其"属性"面板中将"笔触颜色"设为黑色，"填充颜色"设为无，"笔触"宽度设为 1，单击工具箱下方的"对象绘制"按钮 将其选中，在舞台窗口中绘制一条闭合边线，如图 3-86 所示。

STEP 3 选择"选择"工具 ，选中闭合边线，如图 3-87 所示。在工具箱中将"填充颜色"设为黄色（#D9A84C），"笔触颜色"设为无，效果如图 3-88 所示。

图 3-85　　　　　　　　　图 3-86　　　　　　　　　图 3-87　　　　　　　　　图 3-88

STEP 4 单击"时间轴"面板中的"新建图层"按钮 ，创建新图层并将其命名为"小山 2"。选择"钢笔"工具 ，在工具箱中将"笔触颜色"设为黑色，在舞台窗口中绘制一条闭合边线，如图 3-89 所示。

STEP 5 选择"选择"工具 ，选中闭合边线，如图 3-90 所示。在工具箱中将"填充颜色"设为褐色（#A06916），"笔触颜色"设为无，效果如图 3-91 所示。

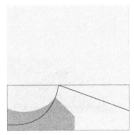

图 3-89　　　　　　　　　图 3-90　　　　　　　　　图 3-91

STEP 6 单击"时间轴"面板中的"新建图层"按钮 ，创建新图层并将其命名为"阴影"。选择"钢笔"工具 ⬭，在工具箱中将"笔触颜色"设为黑色，在舞台窗口中绘制一条闭合边线，如图 3-92 所示。

STEP ↘7 选择"选择"工具 ▶，选中闭合边线，如图 3-93 所示。在工具箱中将"填充颜色"设为深褐色（#905D15），"笔触颜色"设为无，效果如图 3-94 所示。

图 3-92

图 3-93

图 3-94

STEP ↘8 单击"时间轴"面板中的"新建图层"按钮 ▤，创建新图层并将其命名为"草地 1"。选择"钢笔"工具 ⬭，在工具箱中将"笔触颜色"设为黑色，在舞台窗口中绘制一条闭合边线，如图 3-95 所示。

STEP ↘9 选择"选择"工具 ▶，选中闭合边线，如图 3-96 所示。在工具箱中将"填充颜色"设为黄绿色（#ACC20D），"笔触颜色"设为无，效果如图 3-97 所示。

图 3-95

图 3-96

图 3-97

STEP ↘10 单击"时间轴"面板中的"新建图层"按钮 ▤，创建新图层并将其命名为"草地 2"。选择"钢笔"工具 ⬭，在工具箱中将"笔触颜色"设为黑色，在舞台窗口中绘制一条闭合边线，如图 3-98 所示。

STEP ↘11 选择"选择"工具 ▶，选中闭合边线，如图 3-99 所示。在工具箱中将"填充颜色"设为绿色（#97B020），"笔触颜色"设为无，效果如图 3-100 所示。

图 3-98

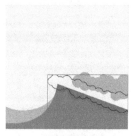

图 3-99

图 3-100

2. 绘制太阳和白云

STEP⤤1 选择"文件 > 导入 > 导入到库"命令,在弹出的"导入到库"对话框中选择资源包中的"Ch03 > 素材 > 绘制时尚插画 > 01.ai"文件,单击"打开"按钮,将文件导入"库"面板中,如图 3-101 所示。

STEP⤤2 单击"时间轴"面板中的"新建图层"按钮▪,创建新图层并将其命名为"小树",如图 3-102 所示。将"库"面板中的图形元件"01.ai"拖曳到舞台窗口中,并放置在适当的位置,如图 3-103 所示。

图 3-101　　　　　　　　　　图 3-102　　　　　　　　　　图 3-103

STEP⤤3 在"时间轴"面板中,将"小树"图层拖曳到"小山 1"图层的下方,如图 3-104 所示,效果如图 3-105 所示。

图 3-104　　　　　　　　　　　　　　图 3-105

STEP⤤4 单击"时间轴"面板中的"新建图层"按钮▪,创建新图层并将其命名为"太阳"。选择"椭圆"工具◯,在工具箱中将"笔触颜色"设为无,"填充颜色"设为黄色(#FDD200),按住 Shfit 键的同时在舞台窗口中绘制一个圆形,如图 3-106 所示。

STEP⤤5 保持图形的选中状态,选择"修改 > 形状 >柔化填充边缘"命令,弹出"柔化填充边缘"对话框。在"距离"数值框中输入"100 像素",在"步长数"数值框中输入"5",选择"扩展"单选项,如图 3-107 所示。单击"确定"按钮,效果如图 3-108 所示。

图 3-106　　　　　　　　　　图 3-107　　　　　　　　　　图 3-108

STEP 6 在"时间轴"面板中，将"太阳"图层拖曳到"小树"图层的下方，如图3-109所示，效果如图3-110所示。

STEP 7 单击"时间轴"面板中的"新建图层"按钮 ，创建新图层并将其命名为"白云"。选择"钢笔"工具 ，在工具箱中将"笔触颜色"设为黑色，在舞台窗口中绘制一条闭合边线，如图3-111所示。

图 3-109

图 3-110

图 3-111

STEP 8 选择"选择"工具 ，选中闭合边线，如图3-112所示。在工具箱中将"填充颜色"设为白色，"笔触颜色"设为无，效果如图3-113所示。

STEP 9 保持图形的选中状态，选择"修改 > 形状 > 柔化填充边缘"命令，弹出"柔化填充边缘"对话框。在"距离"数值框中输入"10像素"，在"步长数"数值框中输入"5"，选择"插入"单选项，如图3-114所示。单击"确定"按钮，效果如图3-115所示。

图 3-112

图 3-113

图 3-114

图 3-115

STEP 10 在"时间轴"面板中，将"白云"图层拖曳到"太阳"图层的下方，如图3-116所示，效果如图3-117所示。时尚插画绘制完成，按Ctrl+Enter组合键即可查看效果。

图 3-116

图 3-117

3.2.2 优化曲线

应用"优化"命令可以将线条优化得较为平滑。选中要优化的线条，如图3-118所示，选择"修改 >

形状 > 优化"命令,弹出"优化曲线"对话框,选项设置如图 3-119 所示。单击"确定"按钮,弹出提示框,如图 3-120 所示。单击"确定"按钮,优化线条,效果如图 3-121 所示。

图 3-118　　　　　　　　图 3-119　　　　　　　　图 3-120　　　　　图 3-121

3.2.3　将线条转换为填充

应用"将线条转换为填充"命令可以将矢量线条转换为填充色块。打开资源包中的"基础素材 > Ch03 > 05"文件,如图 3-122 所示。选择"墨水瓶"工具 ,为图形绘制外边线,如图 3-123 所示。

选择"选择"工具 ,双击图形的外边线将其选中,如图 3-124 所示。选择"修改 > 形状 > 将线条转换为填充"命令,将外边线转换为填充色块。这时,可以选择"颜料桶"工具 ,为填充色块设置其他颜色,如图 3-125 所示。

图 3-122　　　　　　　图 3-123　　　　　　　图 3-124　　　　　　　图 3-125

3.2.4　扩展填充

应用"扩展填充"命令可以将填充颜色向外扩展或向内收缩,扩展或收缩的数值可以自定义。

1.　扩展填充色

打开资源包中的"基础素材 > Ch03 > 06"文件,选中图 3-126 所示的图形。选择"修改 > 形状 > 扩展填充"命令,弹出"扩展填充"对话框。在"距离"数值框中输入"6 像素"(取值范围为 0.05 ~ 144),选择"扩展"单选项,如图 3-127 所示。单击"确定"按钮,将填充色向外扩展,效果如图 3-128 所示。

图 3-126　　　　　　　　图 3-127　　　　　　　　图 3-128

2.　收缩填充色

选中图形的填充颜色,选择"修改 > 形状 > 扩展填充"命令,弹出"扩展填充"对话框。在"距离"数值框中输入"6 像素",选择"插入"单选项,如图 3-129 所示。单击"确定"按钮,将填充色向内收缩,效果如图 3-130 所示。

图 3-129 图 3-130

3.2.5 柔化填充边缘

1. 向外柔化填充边缘

打开资源包中的"基础素材 > Ch03 > 07"文件，选中图形，如图 3-131 所示。选择"修改 > 形状 >
柔化填充边缘"命令，弹出"柔化填充边缘"对话框。在"距离"数值框中输入"80 像素"，在"步长数"
数值框中输入"5"，选择"扩展"单选项，如图 3-132 所示。单击"确定"按钮，向外柔化填充边缘，
效果如图 3-133 所示。

图 3-131 图 3-132 图 3-133

2. 向内柔化填充边缘

选中图形，如图 3-134 所示。选择"修改 > 形状 > 柔化填充边缘"命令，弹出"柔化填充边缘"对
话框。在"距离"数值框中输入"50 像素"，在"步长数"数值框中输入"5"，选择"插入"单选项，
如图 3-135 所示。单击"确定"按钮，向内柔化填充边缘，效果如图 3-136 所示。

图 3-134 图 3-135 图 3-136

3.3 对齐面板与变形面板的使用

应用"对齐"面板可以设置多个对象之间的对齐方式，应用"变形"面板可以改变对象的大小以及倾
斜度。

3.3.1　课堂案例——制作美食海报

⊕ 案例学习目标

使用"变形"面板改变图形的角度。

⊕ 案例知识要点

使用"导入"命令导入素材文件，使用"变形"面板调整图像的大小，使用"对齐"面板调整图像的对齐方式。美食海报效果如图 3-137 所示。

⊕ 效果所在位置

资源包 > Ch03 > 效果 > 制作美食海报.fla。

图 3-137

制作美食海报

STEP 1 在欢迎页的"详细信息"选项组中将"宽"选项设为 600，"高"选项设为 841，在"平台类型"下拉列表框中选择"ActionScript 3.0"选项，单击"创建"按钮，完成文档的创建。

STEP 2 选择"文件 > 导入 > 导入到库"命令，在弹出的"导入到库"对话框中选择资源包中的"Ch03 > 素材 > 制作美食海报 > 01 ~ 05"文件，单击"打开"按钮，将文件导入"库"面板中，如图 3-138 所示。

STEP 3 将"图层_1"重命名为"底图"，如图 3-139 所示。将"库"面板中的位图"01.jpg"拖曳到舞台窗口中，并放置在中心位置，如图 3-140 所示。

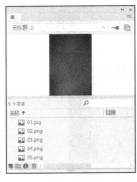

图 3-138

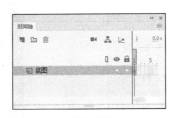

图 3-139

图 3-140

STEP 4 在"时间轴"面板中创建新图层，并将其命名为"图片"。将"库"面板中的位图"02"拖曳到舞台窗口中，并放置在适当的位置，如图 3-141 所示。

STEP 5 保持图像的被选中状态，按 Ctrl+T 组合键，弹出"变形"面板，将"缩放宽度"选项 ↔ 和"缩放高度"选项 ↕ 均设为 60%，如图 3-142 所示。按 Enter 键确定操作，效果如图 3-143 所示。

STEP 6 在"时间轴"面板中创建新图层并将其命名为"标题"。将"库"面板中的位图"03"拖曳到舞台窗口中，并放置在适当的位置，如图 3-144 所示。

| 图 3-141 | 图 3-142 | 图 3-143 | 图 3-144 |

STEP 7 在"时间轴"面板中创建新图层，并将其命名为"图片 2"。将"库"面板中的位图"04"拖曳到舞台窗口中，并放置在适当的位置，如图 3-145 所示。

STEP 8 在"时间轴"面板中创建新图层，并将其命名为"文字"。将"库"面板中的位图"05"拖曳到舞台窗口中，并放置在适当的位置，如图 3-146 所示。在"时间轴"面板中选中图 3-147 所示的图层。

| 图 3-145 | 图 3-146 | 图 3-147 |

STEP 9 按 Ctrl+K 组合键，弹出"对齐"面板，勾选"与舞台对齐"复选框，如图 3-148 所示。单击"水平中齐"按钮 ，将选中的图像水平居中对齐，效果如图 3-149 所示。美食海报制作完成，按 Ctrl+Enter 组合键即可查看效果。

| 图 3-148 | 图 3-149 |

3.3.2 对齐面板

选择"窗口 > 对齐"命令，或按 Ctrl+K 组合键，弹出"对齐"面板，如图 3-150 所示。

1."对齐"选项组

"左对齐"按钮▊：设置选中对象左端对齐。

"水平中齐"按钮▋：设置选中对象沿垂直线居中对齐。

"右对齐"按钮▊：设置选中对象右端对齐。

"顶对齐"按钮▊：设置选中对象上端对齐。

"垂直中齐"按钮▊：设置选中对象沿水平线居中对齐。

"底对齐"按钮▊：设置选中对象下端对齐。

2."分布"选项组

"顶部分布"按钮▊：设置选中对象在横向上上端间距相等。

"垂直居中分布"按钮▊：设置选中对象在横向上中心间距相等。

"底部分布"按钮▊：设置选中对象在横向上下端间距相等。

"左侧分布"按钮▊：设置选中对象在纵向上左端间距相等。

"水平居中分布"按钮▊：设置选中对象在纵向上中心间距相等。

"右侧分布"按钮▊：设置选中对象在纵向上右端间距相等。

3."匹配大小"选项组

"匹配宽度"按钮▊：设置选中对象在水平方向上等尺寸变形（以所选对象中宽度最大的为基准）。

"匹配高度"按钮▊：设置选中对象在垂直方向上等尺寸变形（以所选对象中高度最大的为基准）。

"匹配宽和高"按钮▊：设置选中对象在水平方向和垂直方向上同时进行等尺寸变形（同时以所选对象中宽度和高度最大的为基准）。

4."间隔"选项组

"垂直平均间隔"按钮▊：设置选中对象在纵向上间距相等。

"水平平均间隔"按钮▊：设置选中对象在横向上间距相等。

5."与舞台对齐"复选框

"与舞台对齐"复选框：勾选此复选框后，上述选项组中的设置都是以整个舞台的宽度或高度为基准的。

打开资源包中的"基础素材 > Ch03 > 07"文件，选中要对齐的图形，如图 3-151 所示。单击"顶对齐"按钮▊，将所选图形上端对齐，如图 3-152 所示。

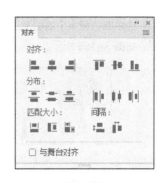

图 3-150

图 3-151

图 3-152

选中要分布的图形，如图 3-153 所示。单击"水平居中分布"按钮▊，使图形在纵向上中心间距相等，如图 3-154 所示。

图 3-153

图 3-154

选中要匹配大小的图形，如图 3-155 所示。单击"匹配高度"按钮 ，使图形在垂直方向上等尺寸变形，如图 3-156 所示。

图 3-155

图 3-156

勾选"与舞台对齐"复选框前后，应用同一个命令所产生的效果不同。选中图形，如图 3-157 所示。勾选"与舞台对齐"复选框前，单击"左侧分布"按钮 ，效果如图 3-158 所示；勾选"与舞台对齐"复选框后，单击"左侧分布"按钮 ，效果如图 3-159 所示。

图 3-157

图 3-158

图 3-159

3.3.3 变形面板

选择"窗口 > 变形"命令，或按 Ctrl+T 组合键，弹出"变形"面板，如图 3-160 所示。

"缩放宽度" 选项和"缩放高度" 选项：用于设置图形的宽度和高度。

"约束"按钮 ：单击此按钮，可以约束"缩放宽度"和"缩放高度"选项，使图形能够成比例地变形。

"重置缩放"按钮 ：单击此按钮，可以将对图形的缩放恢复到初始状态。

"旋转"选项：用于设置图形的旋转角度。

"倾斜"选项：用于设置图形的水平倾斜或垂直倾斜的角度。

"水平翻转所选内容"按钮 ：单击此按钮，可以将所选图形水平翻转。

"垂直翻转所选内容"按钮 ：单击此按钮，可以将所选图形垂直翻转。

"重制选区和变形"按钮 ：单击此按钮，可以复制图形并将变形设置应用给图形。

图 3-160

"取消变形"按钮 ：单击此按钮，可以将图形属性恢复到初始状态。

"变形"面板中的设置不同，绘制出的效果也各不相同。

打开资源包中的"基础素材 > Ch03 > 09"文件，如图 3-161 所示。选中图形，在"变形"面板中将"缩放宽度"选项 设为 50%，如图 3-162 所示。按 Enter 键确定操作，图形的宽度被改变，效果如图 3-163 所示。

选中图形，在"变形"面板中单击"约束"按钮 ，将"缩放宽度"选项 设为 50%，"缩放高度"选项 也随之变为 50%，如图 3-164 所示。按 Enter 键确定操作，图形的宽度和高度成比例地缩小，效果如图 3-165 所示。

图 3-161　　　　　图 3-162　　　　　图 3-163　　　　　图 3-164　　　　　图 3-165

　　选中图形，在"变形"面板中单击"约束"按钮 ⊝，将"旋转"选项设为 20°，如图 3-166 所示。
按 Enter 键确定操作，图形被旋转，效果如图 3-167 所示。

　　选中图形，在"变形"面板中选择"倾斜"单选项，将"水平倾斜"选项 ☑ 设为 20°，如图 3-168
所示。按 Enter 键确定操作，图形发生水平倾斜变形，效果如图 3-169 所示。

图 3-166　　　　　图 3-167　　　　　图 3-168　　　　　图 3-169

　　选中图形，在"变形"面板中选择"倾斜"单选项，将"垂直倾斜"选项 ☑ 设为 25°，如图 3-170
所示。按 Enter 键确定操作，图形发生垂直倾斜变形，效果如图 3-171 所示。

　　选中图形，在"变形"面板中单击"水平翻转所选内容"按钮 ◁，图形将水平翻转，效果如图 3-172
所示。单击"垂直翻转所选内容"按钮 ☒，图形将垂直翻转，效果如图 3-173 所示。

图 3-170　　　　　图 3-171　　　　　图 3-172　　　　　图 3-173

　　选中图形，在"变形"面板中单击"重制选区和变形"按钮 ❏，将"旋转"选项设为 30°，如图 3-174
所示。按 Enter 键确定操作，图形被复制并沿其中心点顺时针旋转了 30°，效果如图 3-175 所示。

　　再次单击"重制选区和变形"按钮 ❏，图形再次被复制并顺时针旋转了 30°，效果如图 3-176 所示。
此时，面板中显示旋转角度为 60°，表示复制出的图形当前角度为 60°，如图 3-177 所示。

图 3-174

图 3-175

图 3-176

图 3-177

3.4 课堂练习——绘制飞机插画

练习知识要点

使用"柔化填充边缘"命令制作太阳效果，使用"钢笔"工具绘制白云形状。飞机插画效果如图 3-178 所示。

效果所在位置

资源包 > Ch03 > 效果 > 绘制飞机插画.fla。

图 3-178

绘制飞机插画

3.5 课后习题——制作美食网页

习题知识要点

使用"导入到库"命令导入素材，使用"变形"面板缩放图像的大小，使用"对齐"面板设置图像的对齐方式。美食网页效果如图 3-179 所示。

效果所在位置

资源包 > Ch03 > 效果 > 制作美食网页.fla。

图 3-179

制作美食网页

Chapter

4

第 4 章
文本的编辑

Animate CC 2019 具有强大的文本输入、编辑和处理功能。本章将详细讲解文本的编辑方法和应用技巧。通过对本章的学习，读者可以了解并掌握文本的功能及特点，从而能在设计制作任务中充分地利用文本工具制作出理想的效果。

课堂学习目标

- 熟练掌握文本的创建和属性设置方法

- 了解文本的类型

- 熟练运用文本的转换功能

4.1 文本的类型及使用

创建动画时，常需要利用文字来清楚地表达创作者的意图，而创建和编辑文本必须利用 Animate CC 2019 提供的文本工具才能实现。

4.1.1 课堂案例——制作耳机网页首页

案例学习目标

使用"属性"面板设置文字的属性。

案例知识要点

使用"文本"工具输入需要的文字，使用"属性"面板设置文字的字体、大小、颜色、行距和字符等属性。耳机网页首页效果如图 4-1 所示。

效果所在位置

资源包 > Ch04 > 效果 > 制作耳机网页首页.fla。

制作耳机网页首页

图 4-1

STEP 1 在欢迎页的"详细信息"选项组中将"宽"选项设为 1920，"高"选项设为 1000，在"平台类型"下拉列表框中选择"ActionScript 3.0"选项，单击"创建"按钮，完成文档的创建。

STEP 2 在"时间轴"面板中将"图层_1"重命名为"底图"。选择"文件 > 导入 > 导入到舞台"命令，在弹出的"导入"对话框中选择资源包中的"Ch04 > 素材 > 制作耳机网页首页 > 01"文件，单击"打开"按钮，将文件导入舞台窗口中，如图 4-2 所示。

STEP 3 在"时间轴"面板中创建新图层，并将其命名为"标题"。选择"文本"工具 T，在其"属性"面板中将"系列"选项设为"方正正粗黑简体"，将"大小"选项设为 68，"颜色"选项设为黑色，其他设置如图 4-3 所示。在舞台窗口中输入需要的文字，如图 4-4 所示。

图 4-2　　　　　　　　　　　图 4-3　　　　　　　　　　　图 4-4

STEP 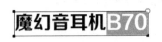 选中图 4-5 所示的英文与数字，在工具箱中将"填充颜色"设为深蓝色（#11286F），效果如图 4-6 所示。

魔幻音耳机B70   魔幻音耳机B70

图 4-5    图 4-6

STEP 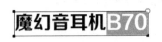 在"时间轴"面板中创建新图层，并将其命名为"介绍文"。选择"文本"工具 T，在其"属性"面板中将"系列"选项设为"方正兰亭黑简体"，将"大小"选项设为 18，"字母间距"选项设为 2，"颜色"选项设为黑色；单击"格式"选项右侧的"两端对齐"按钮，将"间距"选项设为 13，其他设置如图 4-7 所示。单击并拖曳鼠标，在舞台窗口中绘制一个文本框，如图 4-8 所示。输入文字，效果如图 4-9 所示。

图 4-7

魔幻音耳机B70

图 4-8

魔幻音耳机B70

B70头戴式耳机为你带来精心调校的音效。无电池设计让你能尽情播放音乐，简约而耐用的头框采用了轻盈的不锈钢材质，更显稳固。B70是理想的魔声入门级耳机，为音乐爱好者带来变化丰富的聆听体验。

图 4-9

STEP 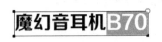 将鼠标指针放在文本框右上方的控制点上，鼠标指针变为 ↔，如图 4-10 所示。按住鼠标左键并向右拖曳控制点到适当的位置，调整文本框的宽度，效果如图 4-11 所示。

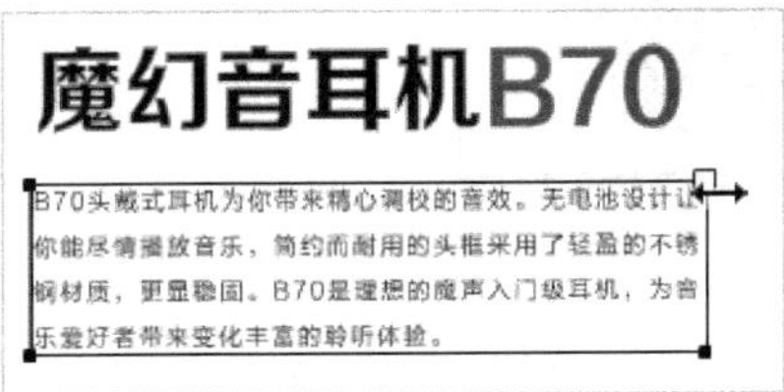

魔幻音耳机B70

B70头戴式耳机为你带来精心调校的音效。无电池设计让你能尽情播放音乐，简约而耐用的头框采用了轻盈的不锈钢材质，更显稳固。B70是理想的魔声入门级耳机，为音乐爱好者带来变化丰富的聆听体验。

图 4-10

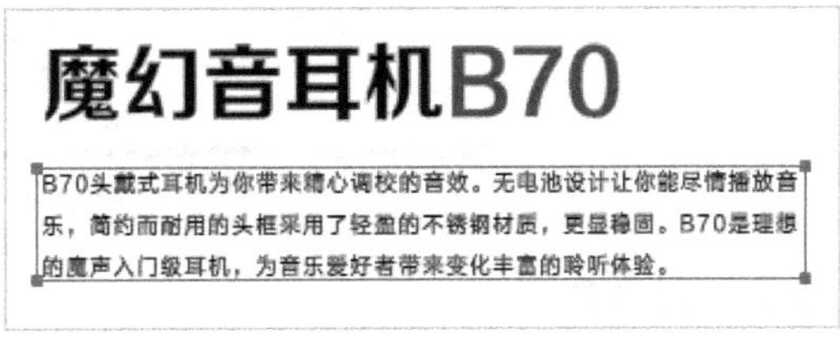

魔幻音耳机B70

B70头戴式耳机为你带来精心调校的音效。无电池设计让你能尽情播放音乐，简约而耐用的头框采用了轻盈的不锈钢材质，更显稳固。B70是理想的魔声入门级耳机，为音乐爱好者带来变化丰富的聆听体验。

图 4-11

STEP 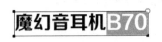 在"时间轴"面板中创建新图层，并将其命名为"价位"。在"文本"工具的"属性"面板中将"系列"选项设为"微软雅黑"，将"大小"选项设为 36，"颜色"选项设为深蓝色（#11286F），其他设置如图 4-12 所示。在舞台窗口中适当的位置输入文字，效果如图 4-13 所示。

STEP 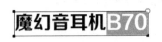 在"文本"工具的"属性"面板中将"系列"选项设为"方正正粗黑简体"，将"大小"选项设为 48，"颜色"选项设为深蓝色（#11286F），其他设置如图 4-14 所示。在舞台窗口中适当的位置输入数字，如图 4-15 所示。

图 4-12

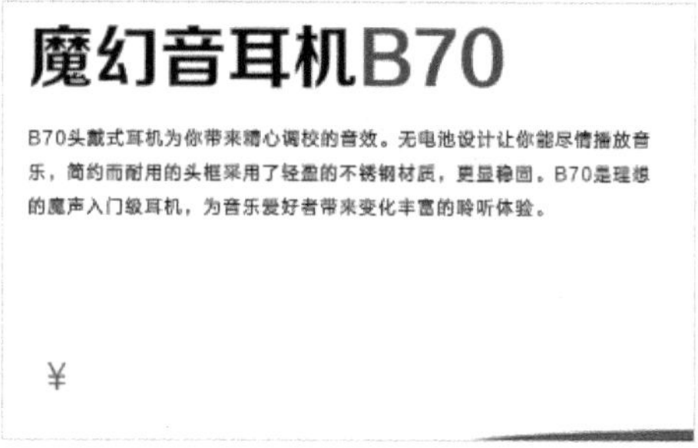

图 4-13

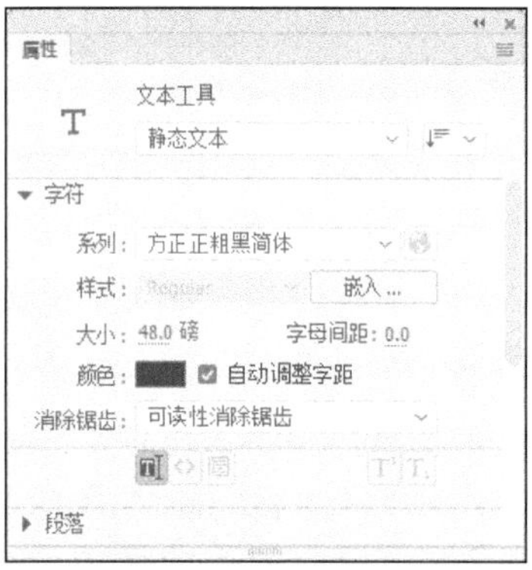

图 4-14

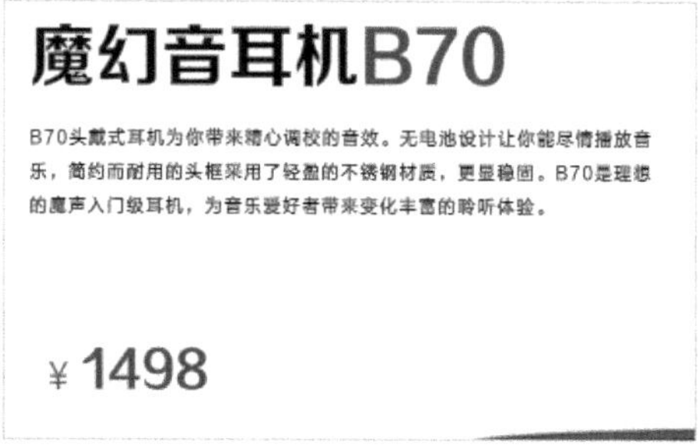

图 4-15

STEP 9 耳机网页首页制作完成，按 Ctrl+Enter 组合键即可查看效果，如图 4-16 所示。

图 4-16

4.1.2　创建文本

选择"文本"工具 **T**，选择"窗口 > 属性"命令，弹出"文本"工具的"属性"面板，如图 4-17 所示。

将鼠标指针放在场景中，鼠标指针变为 ⌜⁺。在场景中单击，出现文本输入光标，如图 4-18 所示。直接输入文字，效果如图 4-19 所示。

还可以在场景中按住鼠标左键，向右下角方向拖曳出一个文本框，如图 4-20 所示。松开鼠标，出现文本输入光标，如图 4-21 所示。在文本框中输入文字，文字被限定在文本框中，如果输入的文字较多，会自动转到下一行显示，如图 4-22 所示。

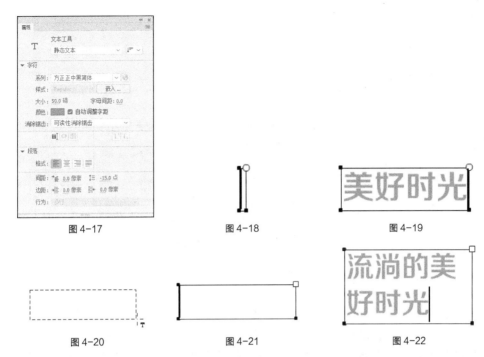

图 4-17　　　　　　　图 4-18　　　　　　　图 4-19

图 4-20　　　　　　　图 4-21　　　　　　　图 4-22

　　向左拖曳文本框上方的方形控制点，可以缩小文字的行宽，如图 4-23 所示。向右拖曳控制点可以扩大文字的行宽，如图 4-24 所示。

　　双击文本框上方的方形控制点，文字将转换成单行显示状态，方形控制点转换为圆形控制点，如图 4-25 所示。

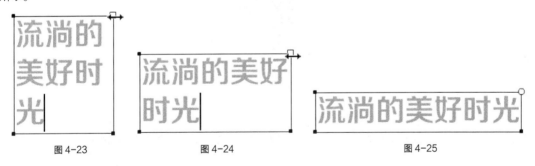

图 4-23　　　　　　　　图 4-24　　　　　　　　　　图 4-25

4.1.3　文本属性

文本工具的"属性"面板如图 4-26 所示，下面对各文字调整选项逐一进行介绍。

1．设置文本的字体、字体大小、样式和颜色

"系列"选项：设定选中字符或整个文本块的字体。

选中文字，如图 4-27 所示。在"文本"工具"属性"面板的"字符"选项组中单击"系列"选项右侧的下拉按钮，在弹出的下拉列表中选择要转换的字体，如图 4-28 所示。文字的字体被转换，效果如图 4-29 所示。

"大小"选项：设定选中字符或整个文本块的文字大小，值越大，文字越大。

选中文字，如图 4-30 所示。在"文本"工具的"属性"面板中选择"大小"选项，在其数值框中输入设定的数值，或在其右侧按住鼠标左键并左右拖曳来进行设定，如图 4-31 所示。文字的字号变小，如图 4-32 所示。

图 4-26 　　　　　图 4-27

图 4-28

图 4-29

图 4-30

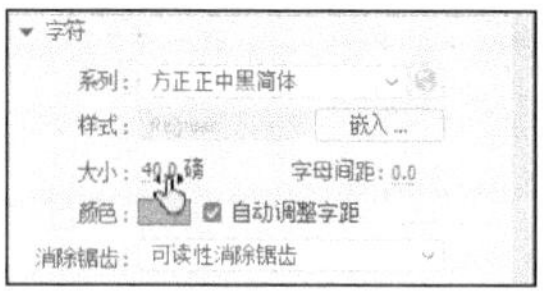

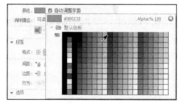

图 4-31

图 4-32

"文本（填充）颜色"按钮 颜色：□ ：为选中字符或整个文本块的文字设定颜色。

选中文字，如图 4-33 所示。在"文本"工具的"属性"面板中单击"文本（填充）颜色"按钮 颜色：□ ，弹出颜色面板，选择需要的颜色，如图 4-34 所示。为文字替换颜色，效果如图 4-35 所示。

图 4-33　　　　　　　　图 4-34 　　　　　　　　图 4-35

提示

文字只能使用纯色，不能使用渐变色。要想为文字应用渐变色，必须将该文字转换为形状。

"改变文本方向"下拉列表框 ：在其下拉列表中选择需要的选项可以改变文字的排列方向。

选中文字，如图 4-36 所示。在"改变文本方向"下拉列表框 中选择"垂直"选项，如图 4-37 所示。文字将从右向左排列，效果如图 4-38 所示。如果在其下拉列表中选择"垂直，从左向右"选项，如图 4-39 所示，则文字将从左向右排列，效果如图 4-40 所示。

图 4-36

图 4-37

图 4-38

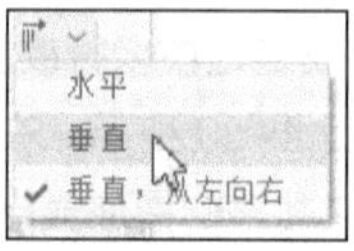

图 4-39 　　　　　图 4-40

"字母间距"选项 ：通过设置需要的数值，控制字符之间的相对位置。

设置不同的文字间距，效果如图 4-41 所示。

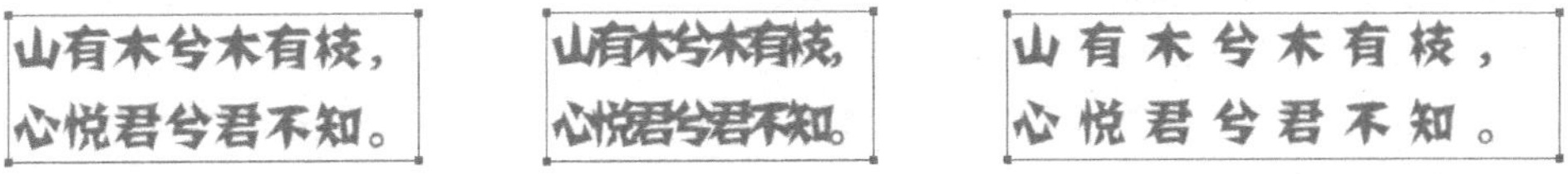

（a）间距为 0 时的效果　　　　（b）缩小间距后的效果　　　　（c）扩大间距后的效果

图 4-41

"切换上标"按钮 T：可将水平文本放在基线之上或将垂直文本放在基线的右边。

"切换下标"按钮 T.：可将水平文本放在基线之下或将垂直文本放在基线的左边。

选中要设置字符位置的文字，单击"切换上标"按钮 T，将文字放在基线以上，如图 4-42 所示。

图 4-42

设置不同字符位置，效果如图 4-43 所示。

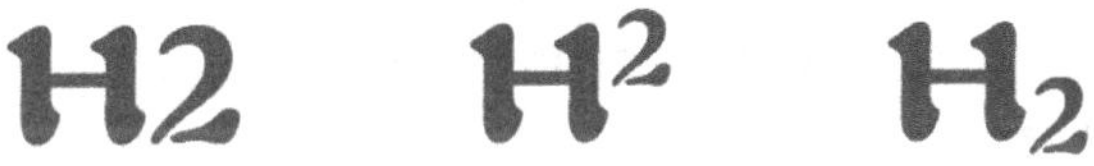

（a）正常位置　　　　（b）上标位置　　　　（c）下标位置

图 4-43

2. 设置段落

在"文本"工具的"属性"面板中单击"段落"选项组左侧的三角按钮 ▶，展开相应的选项，设置文本段落的格式。

文本排列方式按钮可以将文字按不同的形式进行排列。

"左对齐"按钮 ≡：将文字以文本框的左边线进行对齐。

"居中对齐"按钮 ≡：将文字以文本框的中线进行对齐。

"右对齐"按钮 ≡：将文字以文本框的右边线进行对齐。

"两端对齐"按钮 ≡：将文字以文本框的两端进行对齐。

选择不同的排列方式，文字排列的效果如图 4-44 所示。

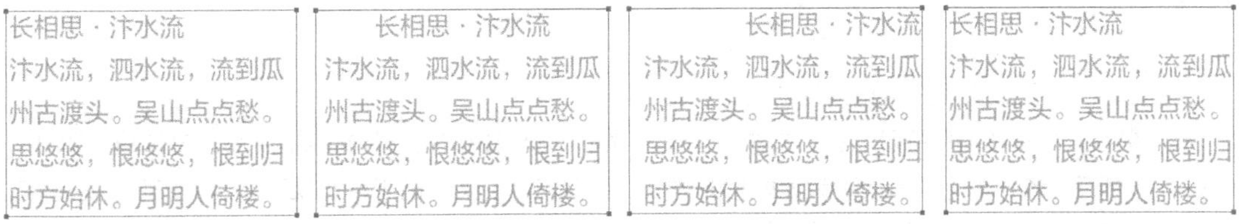

长相思·汴水流
汴水流，泗水流，流到瓜
州古渡头。吴山点点愁。
思悠悠，恨悠悠，恨到归
时方始休。月明人倚楼。

长相思·汴水流
汴水流，泗水流，流到瓜
州古渡头。吴山点点愁。
思悠悠，恨悠悠，恨到归
时方始休。月明人倚楼。

长相思·汴水流
汴水流，泗水流，流到瓜
州古渡头。吴山点点愁。
思悠悠，恨悠悠，恨到归
时方始休。月明人倚楼。

长相思·汴水流
汴水流，泗水流，流到瓜
州古渡头。吴山点点愁。
思悠悠，恨悠悠，恨到归
时方始休。月明人倚楼。

（a）左对齐　　　　（b）居中对齐　　　　（c）右对齐　　　　（d）两端对齐

图 4-44

"缩进"选项 ⁺᷿᷿ ：用于调整文本段落的首行缩进。

"行距"选项 ⁑᷿ ：用于调整文本段落的行距。

"左边距"选项 ⁑᷿ ：用于调整文本段落的左侧间隙。

"右边距"选项 ᷿⁑ ：用于调整文本段落的右侧间隙。

选中图 4-45 所示的文本段落，在"段落"选项组中进行设置，如图 4-46 所示。文本段落的格式发生改变，如图 4-47 所示。

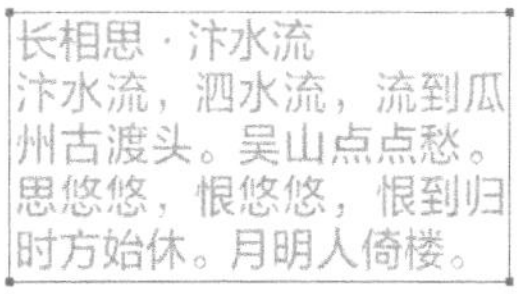

图 4-45

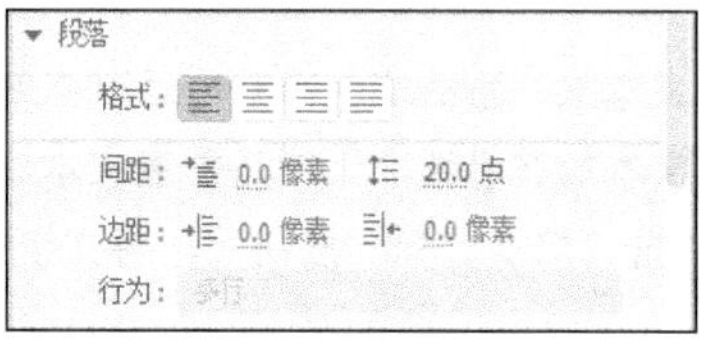

图 4-46

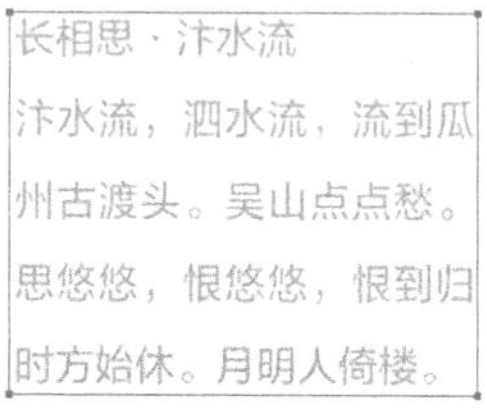

图 4-47

3．字体呈现方法

Animate CC 2019 中有 5 种不同的字体呈现选项，如图 4-48 所示。

"使用设备字体"选项：选择此选项将生成一个较小的 SWF 文件，并采用用户计算机当前安装的字体来呈现文本。

"位图文本[无消除锯齿]"选项：选择此选项将生成明显的文本边缘，没有消除锯齿。因为此选项生成的 SWF 文件中包含字体轮廓，所以生成的 SWF 文件较大。

图 4-48

"动画消除锯齿"选项：选择此选项将生成可顺畅进行动画播放的消除锯齿文本。因为在文本动画播放时没有应用对齐和消除锯齿，所以在某些情况下，文本动画还可以更快地播放。在使用带有许多字母的字体或缩放字体时，可能看不到性能上的提高。因为此选项生成的 SWF 文件中包含字体轮廓，所以生成的 SWF 文件较大。

"可读性消除锯齿"选项：选择此选项将使用高级消除锯齿引擎，从而提供品质最高、最易读的文本。因为此选项生成的文件中包含字体轮廓，以及特定的消除锯齿信息，所以生成的 SWF 文件最大。

"自定义消除锯齿"选项：此选项与"可读性消除锯齿"选项相同，但是选择此选项可以直观地操作消除锯齿参数，以生成特定外观。此选项在为新字体或不常见的字体生成最佳的外观方面非常有用。

4．设置文本超链接

"链接"选项：可以在文本框中直接输入网址，使当前文字成为超链接文字。

"目标"选项：可以设置超链接的打开方式，共有以下 4 种方式可以选择。

- "_blank"：链接页面在打开的浏览器中打开。
- "_parent"：链接页面在父框架中打开。
- "_self"：链接页面在当前框架中打开。
- "_top"：链接页面在默认的顶部框架中打开。

选中文字，如图 4-49 所示。在"文本"工具"属性"面板的"链接"文本框中输入要链接的网址，如图 4-50 所示。在"目标"选项中设置好打开方式，设置完成后文字的下方出现下划线，表示已经链接，如图 4-51 所示。

图 4-49

图 4-50

人民邮电出版社

图 4-51

提　示

文本只有在水平方向排列时，超链接功能才可用。当文本在竖直方向排列时，超链接功能不可用。

4.1.4　静态文本

选择"静态文本"选项，"属性"面板如图 4-52 所示。

"可选"按钮▦：选中此按钮，当文件输出为 SWF 格式时，可以对影片中的文字进行选取、复制操作。

4.1.5　动态文本

选择"动态文本"选项，"属性"面板如图 4-53 所示。动态文本可以作为对象来应用。

"实例名称"选项：可以设置动态文本的名称。

"将文本呈现为 HTML"按钮⟨⟩：单击此按钮，文本支持 HTML 标签特有的字体格式、超级链接等超文本格式。

"在文本周围显示边框"按钮▦：单击此按钮，可以为文本设置白色的背景和黑色的边框。

"行为"下拉列表框中包括"单行""多行""多行不换行"3 个选项。

"单行"选项：选择此选项，文本以单行方式显示。

"多行"选项：选择此选项，如果输入的文本大于设置的文本限制，则输入的文本将自动换行。

"多行不换行"选项：选择此选项，当输入的文本为多行时，不会自动换行。

4.1.6　输入文本

选择"输入文本"选项，"属性"面板如图 4-54 所示。

图 4-52

图 4-53

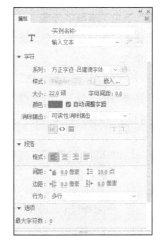

图 4-54

"行为"下拉列表框中新增加了"密码"选项，选择此选项，当文件输出为 SWF 格式时，影片中的文字将显示为星号（****）。

"最大字符数"选项：设置输入文字数量的最大数值，默认值为 0，即不限制。如果设置数值，此数值即为输出 SWF 影片时，显示文字的最多数目。

4.2 文本的转换

在 Animate CC 2019 中输入文本后，可以根据设计制作的需要对文本进行编辑，如对文本进行变形处理或为文本填充渐变色。

4.2.1 课堂案例——制作女装 Banner 广告

案例学习目标

使用任意变形工具将文字变形。

案例知识要点

使用"文本"工具输入文字，使用"分离"命令将文字打散，使用"封套"命令对文字进行编辑，使用"变形"面板旋转图形。女装 Banner 广告效果如图 4-55 所示。

效果所在位置

资源包 > Ch04 > 效果 > 制作女装 Banner 广告.fla。

图 4-55

制作女装 Banner 广告

STEP 1 在欢迎页的"详细信息"选项组中将"宽"选项设为 800，"高"选项设为 450，在"平台类型"下拉列表框中选择"ActionScript 3.0"选项，单击"创建"按钮，完成文档的创建。按 Ctrl+J 组合键，弹出"文档设置"对话框，将"舞台颜色"设为粉色（#FFB8DA），单击"确定"按钮，完成舞台颜色的修改。

STEP 2 在"时间轴"面板中将"图层_1"重命名为"图片"，如图 4-56 所示。按 Ctrl+R 组合键，在弹出的"导入"对话框中选择资源包中的"Ch04 > 素材 > 制作女装 Banner 广告 > 01"文件，单击"打开"按钮，将文件导入舞台窗口，如图 4-57 所示。

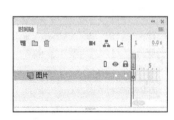

图 4-56

图 4-57

STEP 3 单击"时间轴"面板中的"新建图层"按钮，创建新图层并将其命名为"标题文字"。选择"文本"工具，在其"属性"面板中进行设置，在舞台窗口中适当的位置输入大小为 93，字母间

距为 - 5，字体为"方正兰亭粗黑简体"的白色文字，效果如图 4-58 所示。选择"选择"工具 ▶，选中文字，按 Ctrl+T 组合键，在弹出的"变形"面板中将"旋转"选项设为 - 2.5，如图 4-59 所示，效果如图 4-60 所示。

图 4-58　　　　　　　　　图 4-59　　　　　　　　　图 4-60

STEP 4 保持文字的选中状态，按两次 Ctrl+B 组合键将文字打散，如图 4-61 所示。选择"修改 > 变形 > 封套"命令，文字图形上出现控制框，如图 4-62 所示。调整各个手柄将文字变形，效果如图 4-63 所示。

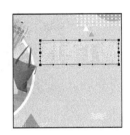
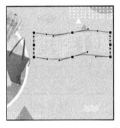

图 4-61　　　　　　　　　图 4-62　　　　　　　　　图 4-63

STEP 5 单击"时间轴"面板中的"新建图层"按钮 ▇，创建新图层并将其命名为"价位"。选择"文本"工具 T，在其"属性"面板中进行设置，在舞台窗口中适当的位置输入大小为 88，字母间距为 3，字体为"方正兰亭粗黑简体"的黄色（#FEF500）文字，效果如图 4-64 所示。选择"选择"工具 ▶，选中文字，按 Ctrl+T 组合键，在弹出的"变形"面板中将"旋转"选项设为 - 2.5，效果如图 4-65 所示。

图 4-64　　　　　　　　　图 4-65

STEP 6 单击"时间轴"面板中的"新建图层"按钮 ▇，创建新图层并将其命名为"分类"。选择"文本"工具 T，在其"属性"面板中进行设置，在舞台窗口中适当的位置输入大小为"42.0"，字母间距为" - 3.0"，字体为"方正兰亭粗黑简体"的白色文字，效果如图 4-66 所示。

STEP 7 单击"时间轴"面板中的"新建图层"按钮 ▇，创建新图层并将其命名为"圆角矩形"。选择"基本矩形"工具 ▣，在其"属性"面板中将"笔触颜色"设为无，"填充颜色"设为玫红色（#EE2F84），其他设置如图 4-67 所示。在舞台窗口中绘制一个圆角矩形，效果如图 4-68 所示。

图 4-66　　　　　　　　　图 4-67　　　　　　　　　　图 4-68

STEP 8 在"时间轴"面板中将"圆角矩形"图层拖曳到"分类"图层的下方，如图 4-69 所示，效果如图 4-70 所示。

图 4-69　　　　　　　　　　　　　　　图 4-70

STEP 9 在"时间轴"面板中，按住 Shift 键的同时选中"分类"图层与"圆角矩形"图层，如图 4-71 所示。在"变形"面板中将"旋转"选项设为 -1.5，效果如图 4-72 所示。

图 4-71　　　　　　　　　　　　　　　图 4-72

STEP 10 在"时间轴"面板中，将"分类"图层和"圆角矩形"图层拖曳到"图片"图层的下方，如图 4-73 所示，效果如图 4-74 所示。女装 Banner 广告制作完成，按 Ctrl+Enter 组合键即可查看效果。

图 4-73　　　　　　　　　　　　　　　图 4-74

4.2.2　变形文本

在舞台窗口中输入需要的文字并选中文字，如图 4-75 所示。按两次 Ctrl+B 组合键将文字打散，如图 4-76 所示。

<table>
<tr><td>图 4-75</td><td>图 4-76</td></tr>
</table>

选择"修改 > 变形 > 封套"命令，文字的周围出现控制框，如图 4-77 所示。拖曳控制点，可以改变文字的形状，如图 4-78 所示。变形完成后，文字效果如图 4-79 所示。

图 4-77　　　　　　　　　　图 4-78　　　　　　　　　　图 4-79

4.2.3　填充文本

选中文字，如图 4-80 所示。按两次 Ctrl+B 组合键将文字打散，如图 4-81 所示。

图 4-80　　　　　　　　　　　　　　图 4-81

选择"窗口 > 颜色"命令，弹出"颜色"面板，单击"填充颜色"按钮 🖌️ □，在"颜色类型"下拉列表中选择"径向渐变"选项，在颜色设置条上设置渐变颜色，如图 4-82 所示，效果如图 4-83 所示。

图 4-82　　　　　　　　　　　　　　图 4-83

选择"墨水瓶"工具 🍶，在其"属性"面板中将"笔触颜色"设为绿色（#009900），"笔触"宽度设为 3，分别在文字的外边线上单击，如图 4-84 所示。为文字添加外边框，效果如图 4-85 所示。

图 4-84　　　　　　　　　　　　图 4-85

4.3 课堂练习——制作可乐瓶盖

练习知识要点

使用"文本"工具输入文字，使用"封套"命令对文字进行变形，使用"墨水瓶"工具为文字添加描边效果。可乐瓶盖效果如图 4-86 所示。

效果所在位置

资源包 > Ch04 > 效果 > 制作可乐瓶盖.fla。

制作可乐瓶盖

图 4-86

4.4 课后习题——制作散文页面

习题知识要点

使用"文本"工具添加主体文字，使用"图层"与"墨水瓶"工具制作文字描边。散文页面效果如图 4-87 所示。

效果所在位置

资源包 > Ch04 > 效果 > 制作散文页面.fla。

制作散文页面

图 4-87

Chapter

5

第 5 章
外部素材的应用

Animate CC 2019 可以导入外部的图像和视频素材来增强画面效果。本章将介绍导入外部素材和设置外部素材属性的方法。通过对本章的学习，读者可以了解并掌握如何应用 Animate CC 2019 的强大功能来处理和编辑外部素材，使其与内部素材充分结合，从而制作出更加生动的动画作品。

课堂学习目标

- 了解图像和视频素材的格式
- 掌握图像素材的导入和编辑方法
- 掌握视频素材的导入和编辑方法

5.1 图像素材的应用

Animate CC 2019 可以导入各种文件格式的矢量图形和位图。

5.1.1 课堂案例——制作运动鞋广告

案例学习目标

使用"转换位图为矢量图"命令转换图像。

案例知识要点

使用"导入到库"命令导入素材文件，使用"转换位图为矢量图"命令将位图图像转换为矢量图形。运动鞋广告效果如图 5-1 所示。

效果所在位置

资源包 > Ch05 > 效果 > 制作运动鞋广告.fla。

制作运动鞋广告

图 5-1

STEP 1 在欢迎页的"详细信息"选项组中将"宽"选项设为 1920，"高"选项设为 1000，在"平台类型"下拉列表框中选择"ActionScript 3.0"选项，单击"创建"按钮，完成文档的创建。

STEP 2 选择"文件 > 导入 > 导入到库"命令，在弹出的"导入到库"对话框中选择资源包中的"Ch05 > 素材 > 制作运动鞋广告 > 01~04"文件，单击"打开"按钮，将文件导入"库"面板中，如图 5-2 所示。

STEP 3 将"图层_1"重命名为"底图"。将"库"面板中的位图"01"拖曳到舞台窗口中，并放置在与舞台中心重叠的位置，如图 5-3 所示。

STEP 4 在"时间轴"面板中创建新图层，并将其命名为"鞋子"。将"库"面板中的位图"02"拖曳到舞台窗口中，并放置在适当的位置，如图 5-4 所示。

图 5-2

图 5-3

图 5-4

STEP 5 选择"修改 > 位图 > 转换位图为矢量图"命令，弹出"转换位图为矢量图"对话框，在对话框中进行设置，如图 5-5 所示。单击"确定"按钮，效果如图 5-6 所示。

图 5-5

图 5-6

STEP 6 在"时间轴"面板中创建新图层，并将其命名为"装饰"。将"库"面板中的位图"03"拖曳到舞台窗口中，并放置在适当的位置，如图 5-7 所示。

STEP 7 在"时间轴"面板中创建新图层并将其命名为"文字"。将"库"面板中的位图"04"拖曳到舞台窗口中，并放置在适当的位置，如图 5-8 所示。运动鞋广告制作完成，按 Ctrl+Enter 组合键即可查看效果。

图 5-7

图 5-8

5.1.2　图像素材的格式

Animate CC 2019 可以导入各种格式的矢量图形和位图图像。矢量格式包括 Adobe Illustrator、EPS 或 PDF 等格式。位图格式包括 JPG、GIF、PNG、BMP 等格式。

Adobe Illustrator 格式：此格式支持对曲线、线条样式和填充信息等进行非常精确的转换。

EPS 格式或 PDF 格式：Animate CC 2019 可以导入任何版本的 EPS 格式文件以及 1.4 版本或更低版本的 PDF 格式文件。

JPG 格式：这是一种压缩格式，Animate CC 2019 可以应用不同的压缩比例对文件进行压缩，压缩后的文件质量损失较小，文件大小大大减小。

GIF 格式：即位图交换格式，是一种 256 色的位图格式，压缩率略低于 JPG 格式。

PNG 格式：能把位图文件压缩到极限，有利于网络传输，能保留所有与位图品质有关的信息，PNG 格式支持透明位图。

BMP 格式：在 Windows 环境下 BMP 格式使用非常广泛，而且使用时不容易出问题；但由于这种格式的文件较大，一般在网上传输时不采用该格式。

5.1.3　导入图像素材

Animate CC 2019 可以识别多种不同的位图和矢量图的文件格式，可以通过导入或粘贴的方法将素材导入 Animate CC 2019 中。

1. 导入到舞台

（1）导入位图到舞台。把位图导入舞台后，舞台窗口中将显示该位图，同时位图被保存在"库"面板中。

选择"文件 > 导入 > 导入到舞台"命令，弹出"导入"对话框，在对话框中选中要导入的位图"01"，如图 5-9 所示。单击"打开"按钮，弹出提示框，如图 5-10 所示。

图 5-9　　　　　　　　　　　　　　　　　图 5-10

如果单击"否"按钮，则选择的位图"01"被导入舞台窗口中。这时，舞台窗口、"库"面板和"时间轴"面板的显示效果分别如图 5-11、图 5-12 和图 5-13 所示。

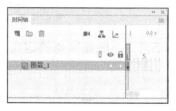

图 5-11　　　　　　　　　　图 5-12　　　　　　　　　　图 5-13

如果单击"是"按钮，则位图"01"～"05"全部被导入舞台窗口中。这时，舞台窗口、"库"面板和"时间轴"面板的显示效果分别如图 5-14、图 5-15 和图 5-16 所示。

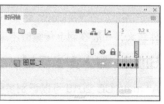

图 5-14　　　　　　　　　　图 5-15　　　　　　　　　　图 5-16

提 示

可以用各种方式将多种位图导入 Animate CC 2019 中，也可以从 Animate CC 2019 中启动 Fireworks 或其他外部图像编辑器，从而在这些程序中修改导入的位图。可以对导入的位图应用压缩和消除锯齿功能，以控制位图在 Animate CC 2019 中的大小和外观，还可以将导入的位图作为填充应用到对象中。

（2）导入矢量图到舞台。把矢量图导入舞台后，舞台窗口中会显示该矢量图，但矢量图并不会被保存到"库"面板中。

选择"文件 > 导入 > 导入到舞台"命令，弹出"导入"对话框，在对话框中选中需要导入的文件，如图 5-17 所示。单击"打开"按钮，弹出"将'06.ai'导入到舞台"对话框，如图 5-18 所示。单击"确定"按钮，将矢量图导入舞台窗口中，如图 5-19 所示。此时，查看"库"面板，并没有保存矢量图"06.ai"。

图 5-17

图 5-18

图 5-19

2. 导入到库

（1）导入位图到库。把位图导入"库"面板后，舞台窗口中不显示该位图，只有"库"面板中会显示。

选择"文件 > 导入 > 导入到库"命令，弹出"导入到库"对话框，在对话框中选中位图"02"，如图 5-20 所示。单击"打开"按钮，位图被导入"库"面板中，如图 5-21 所示。

图 5-20

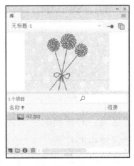

图 5-21

（2）导入矢量图到库。把矢量图导入到"库"面板后，舞台窗口中不显示该矢量图，只有"库"面板中会显示。

选择"文件 > 导入 > 导入到库"命令，弹出"导入到库"对话框，在对话框中选中矢量图"07.ai"，如图 5-22 所示。单击"打开"按钮，弹出"将'07.ai'导入到库"对话框，如图 5-23 所示。单击"确定"按钮，矢量图被导入"库"面板中，如图 5-24 所示。

图 5-22 　　　　　　　　　　　　图 5-23 　　　　　　　　　　　图 5-24

3. 外部粘贴

可以将其他程序或文档中的位图粘贴到 Animate CC 2019 的舞台中，其方法如下：在其他程序或文档中复制图像，选中 Animate CC 2019 文档，按 Ctrl+V 组合键将复制的图像进行粘贴，图像将出现在 Animate CC 2019 文档的舞台窗口中。

5.1.4　设置导入位图的属性

对于导入的位图，用户可以根据需要消除锯齿从而平滑图像的边缘，或选择压缩选项以减小位图文件的大小，以及格式化文件以便在互联网上显示。这些变化都需要在"位图属性"对话框中进行设定。

在"库"面板中双击位图"03"，如图 5-25 所示，弹出"位图属性"对话框，如图 5-26 所示。

图 5-25 　　　　　　　　　　　　　　　图 5-26

位图浏览区域：对话框的左侧为位图浏览区域，将鼠标指针放置在此区域，鼠标指针变为手形，拖曳鼠标可移动区域中的位图。

位图名称编辑区域：对话框的上方为位图名称编辑区域，可以在此更换位图的名称。

位图基本情况区域：位图名称编辑区域下方为位图基本情况区域，该区域显示了位图的创建日期、文件大小、像素位数以及位图在计算机中的具体位置。

"允许平滑"复选框：勾选此复选框，可以利用消除锯齿功能平滑位图边缘。

"压缩"下拉列表框：选择通过何种方式压缩图像，它包含"照片（JPEG）"和"无损（PNG/GIF）"两个选项。选择"照片（JPEG）"选项会以 JPEG 格式压缩图像，可以调整图像的压缩比例。选择"无损（PNG/GIF）"选项将使用无损压缩格式压缩图像，这样不会丢失图像中的任何数据。

"品质"选项组：选择"使用导入的 JPEG 数据"单选项，则位图应用默认的压缩品质；选择"自定义"单选项，可以在右侧的数值框中输入 1~100 的一个值，以指定新的压缩品质，如图 5-27 所示。输入的数值越大，保留的图像完整性越好，但是产生的文件也越大。

"更新"按钮：如果此图片在其他文件中被更改了，单击此按钮可以进行刷新。

图 5-27

"导入"按钮：可以导入新的位图，替换原有的位图。单击此按钮，弹出"导入位图"对话框，在对话框中选中用于替换的位图，如图 5-28 所示。单击"打开"按钮，原有位图被替换，如图 5-29 所示。

图 5-28

图 5-29

"测试"按钮：单击此按钮，可以预览文件压缩后的结果。

在"自定义"选项的数值框中输入数值，如图 5-30 所示。单击"测试"按钮，在对话框左侧的位图浏览区域中可以观察压缩后的位图质量，如图 5-31 所示。

图 5-30

图 5-31

当"位图属性"对话框中的所有选项都设置好后，单击"确定"按钮完成导入位图的属性设置。

5.1.5　将位图转换为图形

使用 Animate CC 2019 可以将位图分离为可编辑的图形，位图仍然保留它原来的细节。分离位图后，可以使用绘画工具和涂色工具来选择和修改位图的区域。

在舞台窗口中导入位图，选择"画笔"工具 ✏，在位图上绘制线条，如图 5-32 所示。松开鼠标后，线条只能在位图下方显示，如图 5-33 所示。

图 5-32 图 5-33

将位图转换为图形的操作步骤如下。

（1）在舞台窗口中导入位图，选中位图，选择"修改 > 分离"命令，或按 Ctrl+B 组合键将位图打散，效果如图 5-34 所示。对打散后的位图进行编辑。选择"画笔"工具 ✏，在位图上进行绘制，如图 5-35 所示。

图 5-34 图 5-35

（2）选择"选择"工具 ▶，改变图形形状或删减图形，如图 5-36 和图 5-37 所示。选择"橡皮擦"工具 ◆ 擦除图形，如图 5-38 所示。

图 5-36 图 5-37 图 5-38

（3）选择"墨水瓶"工具 🍶，为图形添加外边框，如图 5-39 所示。选择"魔术棒"工具 ✦，在图形中红色的糖果上面单击，将图形上的红色部分选中，如图 5-40 所示；按 Delete 键删除选中的图形，如图 5-41 所示。

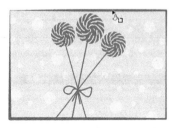

图 5-39 图 5-40 图 5-41

将位图转换为图形后，图形不再链接到"库"面板中的位图组件。也就是说，如果修改打散后的图形，不会对"库"面板中相应的位图组件产生影响。

5.1.6 将位图转换为矢量图

选中图 5-42 所示的位图，选择"修改 > 位图 > 转换位图为矢量图"命令，弹出"转换位图为矢量图"对话框，选项设置如图 5-43 所示。单击"确定"按钮，将位图转换为矢量图，如图 5-44 所示。

图 5-42   图 5-43   图 5-44

"颜色阈值"选项：设置将位图转换成矢量图时的色彩细节。输入数值的范围为 0 ~ 500，该值越大，图像越细腻。

"最小区域"选项：设置将位图转换成矢量图时色块的大小。输入数值的范围为 0 ~ 1 000，该值越大，色块越大。

"角阈值"下拉列表框：定义角转换的精细程度。

"曲线拟合"下拉列表框：设置在转换过程中对色块处理的精细程度。图形转换时边缘越光滑，原图像细节的失真程度越高。

在"转换位图为矢量图"对话框中设置不同的数值，所产生的效果也不相同，如图 5-45 所示。

图 5-45

将位图转换为矢量图后，可以应用"颜料桶"工具 为其重新填色。

选择"颜料桶"工具 ，将"填充颜色"设为黄色，在向日葵的花瓣区域单击，将花瓣区域填充为黄色，如图 5-46 所示。

将位图转换为矢量图后，还可以用"滴管"工具 对图形进行采样，然后将其用作填充。

选择"滴管"工具 ✎，鼠标指针变为 ✎，在绿色的叶子上单击，吸取绿色的色彩值，如图 5-47 所示。吸取后，鼠标指针变为 ✎，在黄色花瓣上单击，用绿色进行填充，将黄色区域全部转换为绿色，如图 5-48 所示。

图 5-46 图 5-47 图 5-48

5.2 视频素材的应用

在 Animate CC 2019 中，可以导入外部的视频素材并将其应用到动画作品中，也可以根据需要导入不同格式的视频素材并设置视频素材的属性。

5.2.1 课堂案例——制作液晶电视广告

案例学习目标

使用"导入视频"命令导入视频素材，使用"变形"面板调整视频的大小。

案例知识要点

使用"导入视频"命令导入视频，使用"变形"面板调整视频的大小，使用"属性"面板固定视频的位置，使用"矩形"工具绘制装饰边框。液晶电视广告效果如图 5-49 所示。

效果所在位置

资源包 > Ch05 > 效果 > 制作液晶电视广告.fla。

图 5-49

制作液晶电视广告

STEP 1 在欢迎页的"详细信息"选项组中将"宽"选项设为 800，"高"选项设为 500，在"平台类型"下拉列表框中选择"ActionScript 3.0"选项，单击"创建"按钮，完成文档的创建。

STEP 2 在"时间轴"面板中将"图层_1"重命名为"底图"。按 Ctrl+R 组合键，在弹出的"导入"对话框中选择资源包中的"Ch05 > 素材 > 制作液晶电视广告 > 01"文件，单击"打开"按钮，将文件导入舞台窗口中，效果如图 5-50 所示。

图 5-50

STEP 3 在"时间轴"面板中创建新图层,并将其命名为"视频"。选择"文件 > 导入 > 导入视频"命令,在弹出的"导入视频"对话框"选择视频"界面中单击"浏览"按钮,弹出"打开"对话框,选择资源包中的"Ch05 > 素材 > 制作液晶电视广告 > 02"文件,如图 5-51 所示。单击"打开"按钮,返回"选择视频"界面,选择"在 SWF 中嵌入 FLV 并在时间轴中播放"单选项,如图 5-52 所示。

图 5-51

图 5-52

STEP 4 单击"下一步"按钮,进入"嵌入"界面,如图 5-53 所示。单击"下一步"按钮,进入"完成视频导入"界面,如图 5-54 所示。单击"完成"按钮将"02"视频文件导入舞台窗口中,如图 5-55 所示。选中"底图"图层的第 250 帧,按 F5 键插入普通帧,如图 5-56 所示。

图 5-53

图 5-54

图 5-55

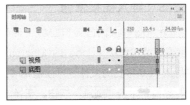

图 5-56

STEP 5 保持视频的被选中状态,按 Ctrl+T 组合键,弹出"变形"面板。单击"约束"按钮 ⊖ ,取消比例约束,将"缩放宽度"选项设为 74%,"缩放高度"选项设为 80%,效果如图 5-57 所示。

STEP 6 在嵌入的视频"属性"面板中将"X"选项设为 363.5,"Y"选项设为 154.8,如图 5-58 所示,效果如图 5-59 所示。

图 5-57 图 5-58 图 5-59

STEP 7 在"时间轴"面板中创建新图层，并将其命名为"边框"。选择"矩形"工具 ▣，在其"属性"面板中将"笔触颜色"设为黑色，"填充颜色"设为无，"笔触"宽度设为 5，单击工具箱下方的"对象绘制"按钮 ◎，在舞台窗口中绘制一个矩形。

STEP 8 选择"选择"工具 ▶，选中绘制的矩形，在绘制对象"属性"面板中将"宽"选项设为362，"高"选项设为 205，"X"选项设为 364，"Y"选项设为 156，如图 5-60 所示，效果如图 5-61所示。液晶电视广告制作完成，按 Ctrl+Enter 组合键即可查看效果。

图 5-60 图 5-61

5.2.2 视频素材的格式

Animate CC 2019 对导入的视频格式重新做了调整，可以导入 FLV、F4V、MP4 和 MOV 等格式的视频。其中，MP4 和 MOV 格式需要使用播放组件加载外部视频选项导入，FLV 格式是当前网页视频的主流。

5.2.3 导入视频素材

Macromedia Flash Video（FLV）文件可以导入或导出带编码音频的静态视频流。它适用于通信应用程序，例如视频会议或包含从 Adobe 的 Macromedia Flash Media Server 中导出的屏幕共享编码数据的文件。

要导入 FLV 格式的文件，可以选择"文件 > 导入 > 导入视频"命令，弹出"导入视频"对话框"选择视频"界面，单击"浏览"按钮，在弹出的"打开"对话框中选择要导入的 FLV 文件，如图 5-62 所示。单击"打开"按钮，返回"选择视频"界面，在对话框中选择"在 SWF 中嵌入 FLV 并在时间轴中播放"单选项，如图 5-63 所示。

单击"下一步"按钮，进入"嵌入"界面，如图 5-64 所示。单击"下一步"按钮，进入"完成视频导入"界面，如图 5-65 所示。单击"完成"按钮完成对视频的编辑，效果如图 5-66 所示。

此时，"时间轴"和"库"面板中的效果分别如图 5-67 和图 5-68 所示。

图 5-62

图 5-63

图 5-64

图 5-65

图 5-66

图 5-67

图 5-68

5.2.4　视频的属性

在嵌入视频的"属性"面板中可以更改导入视频的属性。选中视频，选择"窗口 > 属性"命令，弹出嵌入视频的"属性"面板，如图 5-69 所示。

"实例名称"选项：设定视频的名称。

"宽"和"高"选项：设定视频的宽度和高度。

"X"和"Y"选项：设定视频在场景中的位置。

"交换"按钮：单击此按钮，弹出"交换视频"对话框，可以将视频剪辑与另一个视频剪辑交换。

图 5-69

5.3 课堂练习——制作旅游广告

+ **练习知识要点**

使用"导入视频"命令导入视频，使用"任意变形"工具调整视频的大小。旅游广告效果如图 5-70 所示。

+ **效果所在位置**

资源包 > Ch05 > 效果 > 制作旅游广告.fla。

图 5-70

制作旅游广告

5.4 课后习题——制作化妆品广告

+ **习题知识要点**

使用"导入"命令导入素材，使用"文本"工具输入并编辑文本。化妆品广告效果如图 5-71 所示。

+ **效果所在位置**

资源包 > Ch05 > 效果 > 制作化妆品广告.fla。

图 5-71

制作化妆品广告

6

Chapter

第 6 章
元件和库

在 Animate CC 2019 中，元件起着举足轻重的作用。通过重复应用元件，可以提高工作效率、减少文件量。本章将介绍元件的创建、编辑、应用，以及库面板的使用方法。通过本章的学习，读者可以了解并掌握如何用元件的相互嵌套及重复应用制作出变化无穷的动画效果。

课堂学习目标

- 熟练掌握元件的创建方法
- 掌握元件的引用方法
- 熟练运用库面板编辑元件
- 熟练掌握实例的创建和应用

6.1 元件与库面板

元件就是可以被不断重复使用的特殊对象符号。当不同的场景中需要相同的对象时，用户可先建立该对象的元件，这样当需要时只需在舞台上创建该元件的实例。在 Animate CC 2019 的"库"面板中可以存储创建的元件以及导入的文件。只要建立 Animate CC 2019 文档，就可以使用相应的库。

6.1.1 课堂案例——制作小鸟卡片

🔍 案例学习目标

使用"新建元件"命令添加图形和影片剪辑元件。

🔍 案例知识要点

使用"基本矩形"工具和"文本"工具制作按钮元件，使用"影片剪辑"元件制作心动效果，使用"变形"面板调整元件的大小。小鸟卡片效果如图 6-1 所示。

🔍 效果所在位置

资源包 ＞ Ch06 ＞ 效果 ＞ 制作小鸟卡片 .fla。

图 6-1

制作小鸟卡片

1. 制作图形元件

STEP↘1 在欢迎页的"详细信息"选项组中将"宽"选项设为 594，"高"选项设为 594，在"平台类型"下拉列表中选择"ActionScript 3.0"选项，单击"创建"按钮，完成文档的创建。按 Ctrl+J 组合键，弹出"文档设置"对话框，将"舞台颜色"设为浅黄色（#F0D8BC），单击"确定"按钮，完成文档属性的修改。

STEP↘2 按 Ctrl+F8 组合键，弹出"创建新元件"对话框，在"名称"文本框中输入"文字"，在"类型"下拉列表框中选择"图形"选项，如图 6-2 所示。单击"确定"按钮，新建图形元件"文字"，如图 6-3 所示，舞台窗口也随之转换为图形元件的舞台窗口。

图 6-2

图 6-3

STEP 3 选择"文件 > 导入 > 导入到舞台"命令，在弹出的"导入"对话框中，选择资源包中的"Ch06 > 素材 > 制作小鸟卡片 > 01.ai"文件，弹出提示框。单击"否"按钮，弹出"将'01.ai'导入到库"对话框，单击"导入"按钮，将文件导入舞台窗口中，如图 6-4 所示。

STEP 4 按 Ctrl+F8 组合键，弹出"创建新元件"对话框。在"名称"文本框中输入"小鸟"，在"类型"下拉列表框中选择"图形"选项，单击"确定"按钮，新建图形元件"小鸟"，舞台窗口也随之转换为图形元件的舞台窗口。

STEP 5 选择"文件 > 导入 > 导入到舞台"命令，在弹出的"导入"对话框中，选择资源包中的"Ch06 > 素材 > 制作小鸟卡片 > 02.ai"文件，弹出提示框。单击"否"按钮，弹出"将'02.ai'导入到库"对话框，单击"导入"按钮，将文件导入舞台窗口中，如图 6-5 所示。

图 6-4

图 6-5

2. 制作影片剪辑元件

STEP 1 选择"文件 > 导入 > 导入到库"命令，在弹出的"导入到库"对话框中选择资源包中的"Ch06 > 素材 > 制作小鸟卡片 > 03"文件，弹出"将'03.ai'导入到库"对话框。单击"导入"按钮，将文件导入"库"面板中，如图 6-6 所示。

STEP 2 按 Ctrl+F8 组合键，弹出"创建新元件"对话框，在"名称"文本框中输入"心动"，在"类型"下拉列表框中选择"影片剪辑"选项，如图 6-7 所示。单击"确定"按钮，新建影片剪辑元件"心动"，如图 6-8 所示，舞台窗口也随之转换为影片剪辑元件的舞台窗口。

图 6-6

图 6-7

图 6-8

STEP 3 将"库"面板中的图形元件"03"拖曳到舞台窗口中，并放置在适当的位置，如图 6-9 所示。分别选中"图层_1"的第 10 帧、第 20 帧，按 F6 键插入关键帧，如图 6-10 所示。

STEP 4 选中"图层_1"的第 10 帧，按 Ctrl+T 组合键，弹出"变形"面板，将"缩放宽度"选项和"缩放高度"选项均设为 120%，效果如图 6-11 所示。分别用鼠标右键单击"图层_1"的第 1 帧和第 10 帧，在弹出的快捷菜单中选择"创建传统补间"命令，生成传统补间动画。

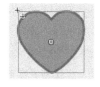

图 6-9 图 6-10 图 6-11

3. 制作按钮元件

STEP 1 按 Ctrl+F8 组合键，弹出"创建新元件"对话框，在"名称"文本框中输入"点我"，在"类型"下拉列表框中选择"按钮"选项，如图 6-12 所示。单击"确定"按钮，新建按钮元件"点我"，舞台窗口也随之转换为按钮元件的舞台窗口。

STEP 2 选择"基本矩形"工具，在其"属性"面板中将"笔触颜色"设为褐色（#734B28），"填充颜色"设为橘红色（#E3605C），"笔触"宽度设为 1.5，其他设置如图 6-13 所示。在舞台窗口中绘制一个圆角矩形，效果如图 6-14 所示。

图 6-12 图 6-13 图 6-14

STEP 3 选中"图层_1"的"鼠标经过"帧，按 F6 键插入关键帧。在工具箱中将"填充颜色"设为粉色（#EFA5A9），效果如图 6-15 所示。选中"图层 1"的"按下"帧，按 F6 键插入关键帧。在工具箱中将"填充颜色"设为绿色（#5EC2D0），效果如图 6-16 所示。

STEP 4 单击"时间轴"面板中的"新建图层"按钮，新建"图层_2"。选择"文本"工具 T，在其"属性"面板中进行设置，在圆角矩形中适当的位置输入大小为 19、字体为"方正卡通简体"的白色文字，效果如图 6-17 所示。

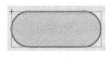

图 6-15 图 6-16 图 6-17

4. 制作场景画面

STEP 1 单击舞台窗口左上方的"场景 1"按钮，进入"场景 1"的舞台窗口。将"图层_1"重命名为"文字阴影"。将"库"面板中的图形元件"文字"拖曳到舞台窗口的上方位置，如图 6-18 所示。

STEP 2 选择"选择"工具 ，在舞台窗口中选择"文字"实例，在图形"属性"面板中选择"色彩效果"选项组，在"样式"下拉列表框中选择"色调"选项，将"着色"设为黑色，"着色量"设为 100，舞台窗口中的效果如图 6-19 所示。

STEP 3 在"时间轴"面板中创建新图层并将其命名为"文字"。将"库"面板中的图形元件"文字"再次拖曳到舞台窗口中，并放置在适当的位置，如图 6-20 所示。

图 6-18

图 6-19

图 6-20

STEP 4 在"时间轴"面板中创建新图层并将其命名为"心"，如图 6-21 所示。多次将"库"面板中的影片剪辑元件"心动"拖曳到舞台窗口中，分别缩放大小并旋转相应的角度，效果如图 6-22 所示。在"时间轴"面板中，将"心"图层拖曳到"文字阴影"图层的下方，效果如图 6-23 所示。

图 6-21

图 6-22

图 6-23

STEP 5 在"文字"图层的上方创建新图层并将其命名为"小鸟"，如图 6-24 所示。将"库"面板中的图形元件"小鸟"拖曳到舞台窗口中，并放置在舞台窗口的下方，如图 6-25 所示。

STEP 6 在"时间轴"面板中创建新图层并将其命名为"按钮"。将"库"面板中的按钮元件"点我"拖曳到舞台窗口中，并放置在适当的位置，如图 6-26 所示。小鸟卡片制作完成，按 Ctrl+Enter 组合键即可查看效果。

图 6-24

图 6-25

图 6-26

6.1.2　元件的类型

1.　图形元件

图形元件 ⚘ 一般用于创建静态图像，或创建可重复使用的、与主时间轴关联的动画，它有自己的编辑区和时间轴。如果在场景中创建元件的实例，那么实例将受到主场景中时间轴的约束。换句话说，图形元件中的时间轴与实例在主场景中的时间轴同步。另外，在图形元件中可以使用矢量图、图像、声音和动画的元素，但不能为图形元件提供实例名称，也不能在动作脚本中引用图形元件，并且声音在图形元件中失效。

2.　按钮元件

按钮元件 👆 用于创建能激发某种交互行为的按钮。创建按钮元件的关键是设置 4 种不同状态的帧，即"弹起"（鼠标抬起）、"指针经过"（鼠标移入）、"按下"（鼠标按下）、"点击"（鼠标响应区域，在这个区域创建的图形不会出现在画面中）。

3.　影片剪辑元件

影片剪辑元件 🎬 也像图形元件一样有自己的编辑区和时间轴，但影片剪辑元件的时间轴是独立的，它不受其实例在主场景中的时间轴（主时间轴）的控制。例如，在场景中创建影片剪辑元件的实例，此时即便场景中只有一帧，在电影片段中也可播放动画。另外，在影片剪辑元件中可以使用矢量图、图像、声音、影片剪辑元件、图形元件和按钮元件等，动作脚本中也可以引用影片剪辑元件。

6.1.3　创建图形元件

选择"插入 > 新建元件"命令，或按 Ctrl+F8 组合键，弹出"创建新元件"对话框，在"名称"文本框中输入"音乐播放器"，在"类型"下拉列表框中选择"图形"选项，如图 6-27 所示。

图 6-27

单击"确定"按钮，创建一个新的图形元件"音乐播放器"。图形元件的名称出现在舞台的左上方，舞台切换到图形元件"音乐播放器"的窗口，窗口中间出现十字符号"＋"，代表图形元件的中心定位点，如图 6-28 所示。"库"面板中显示图形元件，如图 6-29 所示。

选择"文件 > 导入 > 导入到舞台"命令，在弹出的"导入"对话框中选择资源包中的"基础素材 > Ch06 > 01.ai"文件，单击"打开"按钮，弹出"将'01.ai'导入到库"对话框。单击"导入"按钮，将文件导入舞台窗口中，如图 6-30 所示，完成图形元件的创建。单击舞台窗口左上方的场景名称"场景 1"就可以返回场景的编辑舞台。

图 6-28

图 6-29

图 6-30

还可以应用"库"面板创建图形元件。单击"库"面板右上方的 ☰ 按钮，在弹出式菜单中选择"新建元件"命令，弹出"创建新元件"对话框。在"类型"下拉列表框中选择"图形"选项，单击"确定"按钮，即可创建图形元件。用同样的方法，也可在"库"面板中创建按钮元件或影片剪辑元件。

6.1.4　创建按钮元件

Animate CC 2019 库中提供了一些简单的按钮，如果需要复杂的按钮，可以自己创建。

选择"插入 > 新建元件"命令，弹出"创建新元件"对话框，在"名称"文本框中输入"动作"，在"类型"下拉列表框中选择"按钮"选项，如图 6-31 所示。

单击"确定"按钮，创建一个新的按钮元件"动作"。按钮元件的名称出现在舞台窗口的左上方，舞台切换到了按钮元件"动作"的窗口，窗口中间出现十字符号"＋"，代表按钮元件的中心定位点。"时间轴"面板中显示 4 个状态帧："弹起""指针经过""按下""点击"，如图 6-32 所示。

图 6-31

图 6-32

"弹起"帧：设置鼠标指针不在按钮上时按钮的外观。

"指针经过"帧：设置鼠标指针放在按钮上时按钮的外观。

"按下"帧：设置按钮被单击时的外观。

"点击"帧：设置响应鼠标单击的区域。此区域在影片里不可见。

"库"面板中的效果如图 6-33 所示。

选择"文件 > 导入 > 导入到舞台"命令，弹出"导入"对话框。选择资源包中的"基础素材 > Ch06 > 02.ai"文件，单击"打开"按钮，弹出提示框，单击"否"按钮，弹出"将'02.ai'导入到库"对话框，单击"导入"按钮，将素材导入舞台窗口中，效果如图 6-34 所示。在"时间轴"面板中选中"指针经过"帧，按 F7 键插入空白关键帧，如图 6-35 所示。

图 6-33

图 6-34

图 6-35

选择"文件 > 导入 > 导入到库"命令，弹出"导入到库"对话框。选择资源包中的"基础素材 > Ch06 > 03.ai、04.ai"文件，单击"打开"按钮，弹出提示框，单击"导入"按钮，将素材导入"库"面板中，效果如

图 6-36 所示。将"库"面板中的图形元件"03"拖曳到舞台窗口中，并放置在适当的位置，如图 6-37 所示。

在"时间轴"面板中选中"按下"帧，按 F7 键插入空白关键帧。将"库"面板中的图形元件"04"拖曳到舞台窗口中，并放置在适当的位置，如图 6-38 所示。

图 6-36   图 6-37   图 6-38

在"时间轴"面板中选中"点击"帧，按 F7 键插入空白关键帧，如图 6-39 所示。选择"矩形"工具，在工具箱中将"笔触颜色"设为无，"填充颜色"设为黑色，在中心点处绘制一个矩形，作为按钮动画应用时鼠标响应的区域，如图 6-40 所示。

图 6-39   图 6-40

按钮元件制作完成，在各关键帧上，舞台中显示的图形如图 6-41 所示。单击舞台窗口左上方的"场景 1"按钮 ，就可以返回到场景 1 的舞台窗口。

（a）弹起关键帧   （b）指针经过关键帧   （c）按下关键帧   （d）点击关键帧

图 6-41

6.1.5　创建影片剪辑元件

选择"插入 > 新建元件"命令，或按 Ctrl+F8 组合键，弹出"创建新元件"对话框。在"名称"文本框中输入"变形"，在"类型"下拉列表框中选择"影片剪辑"选项，如图 6-42 所示。

　　单击"确定"按钮，创建一个新的影片剪辑元件"变形"。影片剪辑元件的名称出现在舞台窗口的左上方，舞台切换到了影片剪辑元件"变形"的窗口，窗口中间出现十字符号"＋"，代表影片剪辑元件的中心定位点，如图 6-43 所示。"库"面板中显示影片剪辑元件，如图 6-44 所示。

图 6-42

图 6-43

图 6-44

　　选择"文件 ＞ 导入 ＞ 导入到舞台"命令，弹出"导入"对话框。选择资源包中的"基础素材 ＞ Ch06 ＞ 05.ai"文件，单击"打开"按钮，弹出提示框，单击"否"按钮，弹出"将'05.ai'导入到库"对话框，单击"导入"按钮，将文件导入舞台窗口中，如图 6-45 所示。按 Ctrl+B 组合键将其打散，效果如图 6-46 所示。

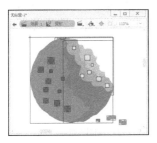

图 6-45

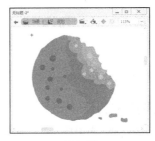

图 6-46

　　选择"文件 ＞ 导入 ＞ 导入到库"命令，弹出"导入到库"对话框。选择资源包中的"基础素材 ＞ Ch06 ＞ 06.ai"文件，单击"打开"按钮，弹出"将'06.ai'导入到库"对话框，单击"导入"按钮，将文件导入"库"面板中，如图 6-47 所示。

　　在"时间轴"面板中选中"图层_1"的第 20 帧，按 F7 键插入空白关键帧。将"库"面板中的图形元件"06"拖曳到舞台窗口中，放置在适当的位置，如图 6-48 所示。多次按 Ctrl+B 组合键将其打散，效果如图 6-49 所示。

图 6-47

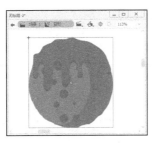

图 6-48

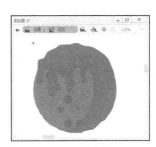

图 6-49

在"时间轴"面板中选中"图层_1"的第 1 帧，单击鼠标右键，在弹出的快捷菜单中选择"创建补间形状"命令，如图 6-50 所示。

"时间轴"面板中出现箭头标志线，如图 6-51 所示。

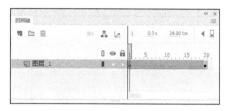

图 6-50   图 6-51

影片剪辑元件制作完成。在不同的关键帧上，舞台中会显示出不同的变形图形，如图 6-52 所示。单击舞台左上方的场景名称"场景 1"就可以返回到场景 1 的舞台窗口。

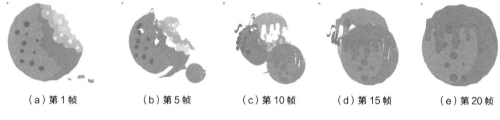

（a）第 1 帧   （b）第 5 帧   （c）第 10 帧   （d）第 15 帧   （e）第 20 帧

图 6-52

6.1.6　转换元件

1. 将图形转换为图形元件

如果已经创建好矢量图形并且以后还要再次应用该图形，可将其转换为图形元件。

打开资源包中的"基础素材 > Ch06 > 07"文件，选中舞台窗口中的矢量图形，如图 6-53 所示。

选择"修改 > 转换为元件"命令，或按 Ctrl+F8 组合键，弹出"转换为元件"对话框。在"名称"文本框中输入要转换元件的名称，在"类型"下拉列表框中选择"图形"选项，如图 6-54 所示。单击"确定"按钮，矢量图形被转换为图形元件，舞台窗口和"库"面板中的效果分别如图 6-55 和图 6-56 所示。

图 6-53

图 6-54   图 6-55   图 6-56

2. 设置图形元件的中心点

选中矢量图形，选择"修改 > 转换为元件"命令，弹出"转换为元件"对话框。在对话框的"对齐"选项后有 9 个中心定位点，可以用来设置转换元件的中心点。选中右下方的定位点，如图 6-57 所示。单击"确定"按钮，矢量图形转换为图形元件后，元件的中心点就在其右下方，如图 6-58 所示。

图 6-57   图 6-58

在"对齐"选项中设置不同的中心点，转换后的图形元件效果如图 6-59 所示。

（a）中心点在左上方   （b）中心点在左下方   （c）中心点在右侧中间

图 6-59

6.1.7　库面板的组成

打开资源包中的"基础素材 > Ch06 > 元件演示"文件，选择"窗口 > 库"命令，或按 Ctrl+L 组合键，弹出"库"面板，如图 6-60 所示。

"库"面板的上方是与"库"面板相对应的文档名称。文档名称的下方是预览区域，可以在此观察选中元件的效果。如果选中的元件为多帧组成的动画，则预览区域的右上方会显示两个按钮，如图 6-61 所示。单击"播放"按钮，可以在预览区域里播放动画；单击"停止"按钮，可以停止播放动画。预览区域的下方是当前"库"面板中的元件数量。

当"库"面板以最大宽度显示时，将出现一些栏目。

图 6-60   图 6-61

"名称"栏：单击此栏，"库"面板中的元件将按名称排序，如图 6-62 所示。

"类型"栏：单击此栏，"库"面板中的元件将按类型排序，如图 6-63 所示。

"使用次数"栏：单击此栏，"库"面板中的元件将按被使用的次数排序。

"链接"栏：与"库"面板弹出式菜单中"链接"命令的设置相关联。

"修改日期"栏：单击此栏，"库"面板中的元件按照被修改的日期排序，如图 6-64 所示。

图 6-62

图 6-63

图 6-64

"库"面板的下方有 4 个按钮。

"新建元件"按钮 ：用于创建元件。单击此按钮，弹出"创建新元件"对话框，可以通过设置创建新的元件，如图 6-65 所示。

"新建文件夹"按钮 ：用于创建文件夹。可以分门别类地建立文件夹，将相关的元件调入其中，以便管理。单击此按钮，在"库"面板中生成新的文件夹，可以设定文件夹的名称，如图 6-66 所示。

"属性"按钮 ：用于转换元件的类型。单击此按钮，弹出"元件属性"对话框，可以将元件类型相互转换，如图 6-67 所示。

"删除"按钮 ：用于删除"库"面板中被选中的元件或文件夹。单击此按钮，所选的元件或文件夹将被删除。

图 6-65

图 6-66

图 6-67

6.1.8　库面板弹出式菜单

单击"库"面板右上方的 按钮，出现弹出式菜单，菜单中提供了多种实用命令，如图 6-68 所示。

"新建元件"命令：用于创建一个新的元件。

"新建文件夹"命令：用于创建一个新的文件夹。

"新建字型"命令：用于创建字体元件。

"新建视频"命令：用于创建视频资源。

"重命名"命令：用于重新设定元件的名称。也可双击要重命名的元件，直接更改名称。

"删除"命令：用于删除当前选中的元件。

"直接复制"命令：用于复制当前选中的元件，此命令不能用于复制文件夹。

"移至"命令：用于将选中的元件移动到新建的文件夹中。

"编辑"命令：选择此命令，切换到当前选中元件的舞台。

"编辑方式"命令：用于编辑所选位图元件。

"编辑 Audition"命令：用于打开 Adobe Audition 软件，对音频进行润饰、音乐自定、添加声音效果等操作。

"编辑类"命令：用于编辑视频文件。

"播放"命令：用于播放按钮元件或影片剪辑元件中的动画。

"更新"命令：用于更新资源文件。

"属性"命令：用于查看元件的属性或更改元件的名称和类型。

"组件定义"命令：用于介绍组件的类型、数值和描述语句等属性。

"运行时共享库 URL"命令：用于设置公用库的链接。

"选择未用项目"命令：用于选出在"库"面板中未经使用的元件。

"展开文件夹"命令：用于打开所选文件夹。

"折叠文件夹"命令：用于关闭所选文件夹。

"展开所有文件夹"命令：用于打开"库"面板中的所有文件夹。

"折叠所有文件夹"命令：用于关闭"库"面板中的所有文件夹。

"帮助"命令：用于调出软件的帮助文件。

"关闭"命令：选择此命令可以将"库"面板关闭。

"关闭组"命令：选择此命令将关闭组合后的面板组。

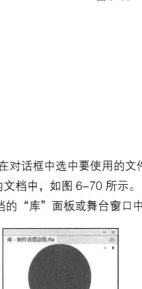

图 6-68

6.1.9 外部库的文件

内置外部库

可以在当前场景中使用其他 Animate CC 2019 文档的库信息。

选择"文件 > 导入 > 打开外部库"命令，弹出"打开"对话框，在对话框中选中要使用的文件，如图 6-69 所示。单击"打开"按钮，选中文件的"库"面板被调入当前的文档中，如图 6-70 所示。

要在当前文档中使用选中文件库中的元件，可将元件拖曳到当前文档的"库"面板或舞台窗口中。

图 6-69

图 6-70

6.2 实例的创建与应用

实例是元件在舞台窗口中的一次具体使用。当修改元件时，该元件的实例也会随之更改。重复使用实例不会增加动画文件的大小，因此这是使动画文件保持较小体积的一个很好的方法。每一个实例都有区别于其他实例的属性，这可以通过修改该实例"属性"面板中的相关属性来实现。

6.2.1 课堂案例——制作教育插画

案例学习目标

使用元件"属性"面板改变元件的属性。

案例知识要点

使用"属性"面板调整元件的不透明度，使用"分离"命令将元件打散，使用"变形"面板旋转元件的角度，使用"文本"工具输入文字。教育插画效果如图 6-71 所示。

效果所在位置

资源包 > Ch06 > 效果 > 制作教育插画.fla。

制作教育插画

图 6-71

STEP 1 按 Ctrl+O 组合键，在弹出的"打开"对话框中选择资源包中的"Ch06 > 素材 > 制作教育插画 > 01.fla"文件，如图 6-72 所示。单击"打开"按钮打开文件，如图 6-73 所示。

图 6-72

图 6-73

STEP 2 在"时间轴"面板中创建新图层并将其命名为"矩形阴影"。将"库"面板中的图形元件"褐色矩形"拖曳到舞台窗口中，并放置在适当的位置，如图 6-74 所示。在图形"属性"面板"色彩效果"选项组的"样式"下拉列表框中选择"Alpha"选项，将其值设为 22，如图 6-75 所示。按 Enter 键，舞台窗口中的效果如图 6-76 所示。

图 6-74

图 6-75

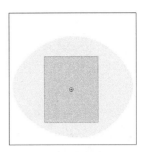

图 6-76

STEP 3 在"时间轴"面板中创建新图层，并将其命名为"铅笔阴影"。将"库"面板中的图形元件"阴影"拖曳到舞台窗口中，并放置在适当的位置，如图 6-77 所示。

STEP 4 在"时间轴"面板中创建新图层，并将其命名为"铅笔"。将"库"面板中的图形元件"铅笔"拖曳到舞台窗口中，并放置在适当的位置，如图 6-78 所示。选择"选择"工具 ，按住 Alt 键的同时拖曳"铅笔"实例到适当的位置，复制铅笔实例，效果如图 6-79 所示。

图 6-77

图 6-78

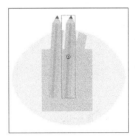

图 6-79

STEP 5 按 Ctrl+T 组合键，弹出"变形"面板，将"旋转"选项设为-13.5，如图 6-80 所示。按 Enter 键确定操作，并将其拖曳到适当的位置，效果如图 6-81 所示。按两次 Ctrl+B 组合键，将"铅笔"实例打散，效果如图 6-82 所示。

图 6-80

图 6-81

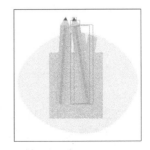

图 6-82

STEP 6 选中图 6-83 所示的矩形，在工具箱中将"填充颜色"设为橘黄色（#E4932C），效果如图 6-84 所示。用相同的方法将该矩形上层的矩形设为橘红色（#CF7513），效果如图 6-85 所示。

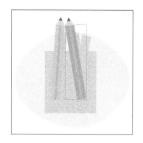
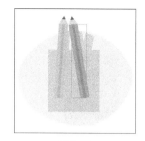

图 6-83　　　　　　　　　　图 6-84　　　　　　　　　　图 6-85

STEP 7 在舞台窗口中选中"铅笔"实例，按住 Alt 键的同时将其向右拖曳到适当的位置，复制铅笔实例，效果如图 6-86 所示。按 Ctrl+T 组合键，弹出"变形"面板，将"旋转"选项设为 8，按 Enter 键确定操作，并将其拖曳到适当的位置，效果如图 6-87 所示。按两次 Ctrl+B 组合键，将"铅笔"实例打散，效果如图 6-88 所示。

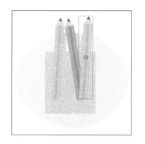

图 6-86　　　　　　　　　　图 6-87　　　　　　　　　　图 6-88

STEP 8 选中图 6-89 所示的矩形，在工具箱中将"填充颜色"设为绿色（#8ABB28），效果如图 6-90 所示。用相同的方法将该矩形上层的矩形设为深绿色（#5F7F34），效果如图 6-91 所示。

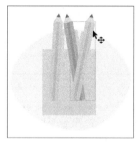
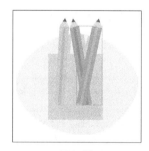

图 6-89　　　　　　　　　　图 6-90　　　　　　　　　　图 6-91

STEP 9 在"时间轴"面板中创建新图层，并将其命名为"褐色矩形"。将"库"面板中的图形元件"褐色矩形"拖曳到舞台窗口中，并放置在适当的位置，如图 6-92 所示。

STEP 10 在"时间轴"面板中创建新图层，并将其命名为"绿色矩形"。将"库"面板中的图形元件"绿色矩形"拖曳到舞台窗口中，并放置在适当的位置。按 Ctrl+T 组合键，弹出"变形"面板，将"旋转"选项设为-6，按 Enter 键确定操作，效果如图 6-93 所示。

STEP 11 在舞台窗口中选中"绿色矩形"实例，按住 Alt 键的同时拖曳实例到适当的位置，复制绿色矩形实例，效果如图 6-94 所示。

图 6-92

图 6-93

图 6-94

STEP 12 选中图 6-95 所示的"绿色矩形"实例，在图形"属性"面板"色彩效果"选项组的"样式"下拉列表框中选择"Alpha"选项，将其值设为 22，如图 6-96 所示。按 Enter 键确定操作，舞台窗口中的效果如图 6-97 所示。

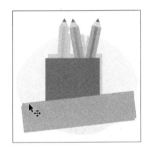

图 6-95

图 6-96

图 6-97

STEP 13 在"时间轴"面板中创建新图层，并将其命名为"文字"。选择"文本"工具 T，在其"属性"面板中进行设置，在舞台窗口中适当的位置输入大小为 59、字体为"方正卡通简体"的黑色（#3A3C38）文字，效果如图 6-98 所示。

STEP 14 选择"选择"工具，选中文字，按 Ctrl+T 组合键，弹出"变形"面板，将"旋转"选项设为-6，如图 6-99 所示。按 Enter 键确定操作，效果如图 6-100 所示。教育插画制作完成，按 Ctrl+Enter 组合键即可查看效果。

图 6-98

图 6-99

图 6-100

6.2.2　创建实例

1. 创建图形元件的实例

打开资源包中的"基础素材 > Ch06 > 元件演示"文件。选择"窗口 > 库"命令，弹出"库"面板，在面板中选中图形元件"音乐播放器"，如图 6-101 所示。将其拖曳到舞台窗口中，窗口中的图形就是图形元件"音乐播放器"的实例，如图 6-102 所示。

选中该实例，图形的"属性"面板如图 6-103 所示。

图 6-101

图 6-102

图 6-103

"交换"按钮：用于交换元件。

"X""Y"选项：用于设置实例在舞台中的位置。

"宽""高"选项：用于设置实例的宽度和高度。

"样式"下拉列表框：用于设置实例的明亮度、色调和透明度。

"循环"选项组的"选项"下拉列表框中有"循环""播放一次""单帧"3 个选项。

"循环"选项：会按照当前实例占用的帧数来循环包含在该实例内的所有动画序列。

"播放一次"选项：从指定的帧开始播放动画序列，直到动画结束，然后停止。

"单帧"选项：显示动画序列的一帧。

"第一帧"选项：用于指定动画从哪一帧开始播放。

"使用帧选择器"按钮：单击该按钮，在弹出的面板中可以直观地预览并选择图形元件的第一帧。

"嘴形同步"按钮：单击该按钮，可以自动嘴形同步所选音频层，在时间轴上更轻松、快速地放置合适的嘴形。

2．创建按钮元件的实例

选中"库"面板中的按钮元件"动作"，如图 6-104 所示。将其拖曳到场景中，场景中的图形就是按钮元件"动作"的实例，如图 6-105 所示。

选中该实例，按钮"属性"面板如图 6-106 所示。

图 6-104

图 6-105

图 6-106

"实例名称"选项：可以在文本框中为实例设置一个新的名称。

"字距调整"选项组的"选项"下拉列表框中有"音轨作为按钮""音轨作为菜单项"两个选项。

"音轨作为按钮"选项：选择此选项，在动画运行过程中，当按钮元件被按下时，画面上的其他对象不再响应鼠标操作。

"音轨作为菜单项"选项：选择此选项，在动画运行过程中，当按钮元件被按下时，其他对象还会响应鼠标操作。

"滤镜"选项组：可以为元件添加滤镜效果，并可以编辑所添加的滤镜效果。

按钮"属性"面板中的其他选项与图形"属性"面板中的选项作用相同，此处不再一一讲述。

3. 创建影片剪辑元件的实例

选中"库"面板中的影片剪辑元件"字母变形"，如图 6-107 所示。将其拖曳到场景中，场景中的字母变形图形就是影片剪辑元件"字母变形"的实例，如图 6-108 所示。

选中该实例，影片剪辑的"属性"面板如图 6-109 所示。

图 6-107

图 6-108

图 6-109

影片剪辑"属性"面板中的选项与图形"属性"面板、按钮"属性"面板中的相应选项作用相同，此处不再一一讲述。

6.2.3　转换实例的类型

每个实例最初的类型都延续了其对应元件的类型，当然也可以转换实例的类型。

在舞台窗口中选择图形实例，如图 6-110 所示。图形的"属性"面板如图 6-111 所示。

图 6-110

图 6-111

在"属性"面板的上方，选择"实例"下拉列表框中的"影片剪辑"选项，如图 6-112 所示。图形"属性"面板转换为影片剪辑"属性"面板，实例类型从图形转换为影片剪辑，如图 6-113 所示。

图 6-112

图 6-113

6.2.4 替换实例引用的元件

如果需要替换实例所引用的元件，但要保留所有的原始实例属性（如色彩效果或按钮动作），可以通过 Animate CC 2019 的"交换元件"命令来实现。

将图形元件拖曳到舞台窗口中成为图形实例，在图形"属性"面板的"样式"下拉列表框中选择"Alpha"选项，在下方的"Alpha"滑块后的数值框中输入 50，将实例的不透明度设为 50%，如图 6-114 所示，实例效果如图 6-115 所示。

图 6-114

图 6-115

单击图形"属性"面板中的"交换"按钮，弹出"交换元件"对话框，在对话框中选中按钮元件"动作"，如图 6-116 所示。单击"确定"按钮，将"音乐播放器"元件转换为"动作"元件，但实例的不透明度没有改变，如图 6-117 所示。

图形的"属性"面板如图 6-118 所示，元件替换完成。

图 6-116

图 6-117

图 6-118

还可以在"交换元件"对话框中单击"直接复制元件"按钮 🗐，如图 6-119 所示。弹出"直接复制元件"对话框，在"元件名称"文本框中可以设置复制元件的名称，如图 6-120 所示。

图 6-119　　　　　　　　　　　　　　　　图 6-120

单击"确定"按钮，复制出新的元件"音乐播放器 复制"，如图 6-121 所示。单击"确定"按钮，元件被新复制的元件替换，图形的"属性"面板如图 6-122 所示。

图 6-121　　　　　　　　　　　　　　　　图 6-122

6.2.5　改变实例的颜色和透明效果

打开资源包中的"基础素材 > Ch06 > 08"文件。在舞台窗口中选中实例，在"属性"面板中打开"样式"下拉列表框，如图 6-123 所示。

"无"选项：表示对当前实例不进行任何更改。如果对实例以前的变化效果不满意，可以选择此选项，取消实例的变化效果，重新设置新的效果。

"亮度"选项：用于调整实例的明暗对比度。

可以在"亮度"滑块后的数值框中直接输入数值，也可以拖曳滑块来设置数值，如图 6-124 所示。其默认的数值为 0，取值范围为-100 ~ 100。当取值大于 0 时，实例变亮；当取值小于 0 时，实例变暗。

图 6-123　　　　　　　　　　图 6-124

输入不同数值，实例的不同亮度的效果如图 6-125 所示。

"色调"选项：用于为实例增加颜色，如图 6-126 所示。可以单击"样式"下拉列表框右侧的"着色"

按钮，在弹出的色板中选择要应用的颜色，如图 6-127 所示。应用颜色后，实例效果如图 6-128 所示。

（a）亮度为 80 时　　（b）亮度为 45 时　　（c）亮度为 0 时　　（d）亮度为 -45 时　　（e）亮度为 -80 时

图 6-125

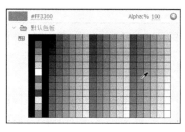

图 6-126　　　　　　　　　　　　　图 6-127　　　　　　　　　　　　图 6-128

可以在"色调"滑块后的数值框中输入数值，也可以拖曳滑块来设置数值，如图 6-129 所示，数值范围为 0 ~ 100。当数值为 0 时，实例颜色将不受影响；当数值为 100 时，实例的颜色将完全被所选颜色取代。也可以在"红""绿""蓝"滑块后的数值框中输入数值来设置颜色。

"Alpha"选项：用于设置实例的透明效果，如图 6-130 所示，数值范围为 0 ~ 100。当数值为 0 时，实例完全透明；当数值为 100 时，实例不透明。

图 6-129　　　　　　　　　　　　　　　　　　图 6-130

输入不同数值，实例的不透明度效果如图 6-131 所示。

（a）Alpha 值为 10 时　（b）Alpha 值为 30 时　（c）Alpha 值为 60 时　　（d）Alpha 值为 80 时　　（e）Alpha 值为 100 时

图 6-131

"高级"选项：用于设置实例的颜色和透明效果，可以分别调节"红""绿""蓝""Alpha"选项的值。

在舞台窗口中选中实例，如图 6-132 所示。在"样式"下拉列表框中选择"高级"选项，如图 6-133 所示。各个选项的设置如图 6-134 所示，效果如图 6-135 所示。

图 6-132　　　　　　　　　图 6-133　　　　　　　　　图 6-134　　　　　　　　　图 6-135

6.2.6　分离实例

选中实例，如图 6-136 所示。选择"修改 > 分离"命令，或按 Ctrl+B 组合键将实例分离为图形，即填充色和线条的组合，如图 6-137 所示。选择"颜料桶"工具 ，为图形设置不同的填充颜色，如图 6-138 所示。

图 6-136　　　　　　　　　　图 6-137　　　　　　　　　　图 6-138

6.2.7　元件编辑模式

元件创建完毕后常常需要修改，修改元件需要进入元件编辑模式，修改完元件后又需要退出元件编辑模式进入主场景编辑动画。

可以通过以下几种方式进入元件编辑模式。

（1）在主场景中双击元件实例，进入元件编辑模式。

（2）在"库"面板中双击要修改的元件，进入元件编辑模式。

（3）在主场景中用鼠标右键单击元件实例，在弹出的快捷菜单中选择"编辑"命令，进入元件编辑模式。

（4）在主场景中选择元件实例后，选择"编辑 > 编辑元件"命令，进入元件编辑模式。

可以通过以下几种方式退出元件编辑模式。

（1）单击舞台窗口左上方的场景名称，进入主场景窗口。

（2）选择"编辑 > 编辑文档"命令，进入主场景窗口。

6.3 课堂练习——制作转动文字效果

⊕ 练习知识要点

使用"导入到库"命令将素材导入"库"面板，使用"新建元件"命令制作按钮元件，使用"文本"工具输入文字，使用"变形"面板设置实例的倾斜效果。转动文字效果如图 6-139 所示。

⊕ 效果所在位置

资源包 > Ch06 > 效果 > 制作转动文字效果.fla。

图 6-139

制作转动文字效果

6.4 课后习题——制作加载条动画

⊕ 习题知识要点

使用"矩形"工具绘制矩形块，使用"创建补间形状"命令制作形状动画，使用"新建元件"命令制作影片剪辑元件。加载条动画效果如图 6-140 所示。

⊕ 效果所在位置

资源包 > Ch06 > 效果 > 制作加载条动画.fla。

图 6-140

制作加载条动画

Chapter

7

第 7 章
基本动画的制作

在 Animate CC 2019 动画的制作过程中，时间轴和帧起到了关键的作用。本章将介绍动画中帧和时间轴的使用方法及应用技巧。通过对本章的学习，读者可以了解并掌握如何灵活应用帧和时间轴，并根据设计需要制作出丰富多彩的动画效果。

课堂学习目标

- 了解帧和时间轴的基本概念
- 掌握帧动画的制作方法
- 掌握形状补间动画的制作方法
- 掌握传统补间动画的制作方法
- 掌握骨骼动画的制作方法
- 掌握摄像机动画的制作方法

7.1 帧与时间轴

要将一幅幅静止的画面按照某种顺序快速、连续地播放，需要用时间轴和帧来为它们完成时间和顺序的安排。

7.1.1 课堂案例——制作打字效果

案例学习目标

使用绘图工具绘制图形，使用时间轴制作动画。

案例知识要点

使用"线条"工具和"属性"面板绘制光标图形，使用"文本"工具添加文字，使用"新建元件"命令和"创建传统补间"命令制作文字动画，使用"翻转帧"命令将帧进行翻转。打字效果如图7-1所示。

效果所在位置

资源包 > Ch07 > 效果 > 制作打字效果.fla。

图 7-1

制作打字效果

1. 导入图片并制作元件

STEP 1 在欢迎页的"详细信息"选项组中将"宽"选项设为1 000，"高"选项设为500，在"平台类型"下拉列表框中选择"ActionScript 3.0"选项，单击"创建"按钮，完成文档的创建。

STEP 2 将"图层_1"重命名为"底图"，如图7-2所示。选择"文件 > 导入 > 导入到舞台"命令，在弹出的"导入"对话框中，选择资源包中的"Ch07 > 素材 > 制作打字效果 > 01"文件，单击"打开"按钮，将文件导入舞台窗口中，如图7-3所示。

图 7-2

图 7-3

STEP 3 按 Ctrl+F8 组合键，弹出"创建新元件"对话框。在"名称"文本框中输入"光标"，在"类型"下拉列表框中选择"图形"选项，如图7-4所示。单击"确定"按钮，新建图形元件"光标"，如图7-5所示，舞台窗口也随之转换为图形元件的舞台窗口。

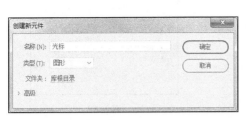

图 7-4

图 7-5

STEP 4 选择"线条"工具 /，单击工具箱下方的"对象绘制"按钮 ◎，在"线条"工具的
"属性"面板中将"笔触颜色"设为黑色，"笔触"宽度设为 2，在舞台窗口中绘制一条直线，效果如图
7-6 所示。

STEP 5 选择"选择"工具 ▶，在舞台窗口中选中直线，在绘制对象"属性"面板中将"宽"
选项设为 20，"X""Y"和"高"选项均设为 0，如图 7-7 所示，效果如图 7-8 所示。

图 7-6

图 7-7

图 7-8

2. 添加文字并制作打字效果

STEP 1 按 Ctrl+F8 组合键，弹出"创建新元件"对话框。在"名称"文本框中输入"文字动"，
在"类型"下拉列表框中选择"影片剪辑"选项，如图 7-9 所示。单击"确定"按钮，新建影片剪辑元件
"文字动"，如图 7-10 所示，舞台窗口也随之转换为影片剪辑元件的舞台窗口。

图 7-9

图 7-10

STEP 2 将"图层_1"重命名为"文字"。选择"文本"工具 T，在其"属性"面板中进行设
置。在舞台窗口中适当的位置输入大小为 22、行距为 5、字体为"方正俊黑简体"的黑色文字，效果如
图 7-11 所示。

STEP 3 在"时间轴"面板中创建新图层，并将其命名为"光标"。分别选中"文字"图层和"光

标”图层的第 5 帧，按 F6 键插入关键帧，如图 7-12 所示。

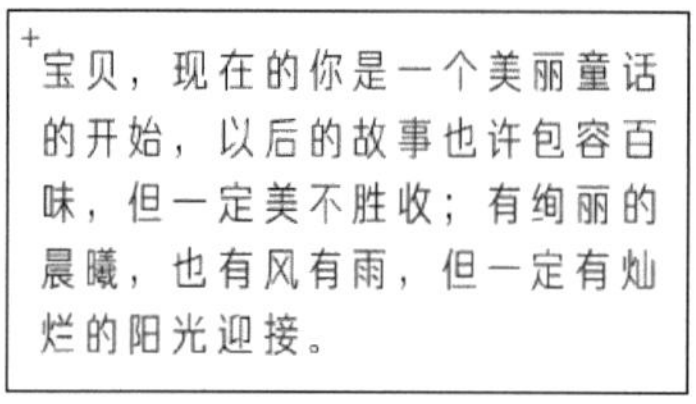

宝贝，现在的你是一个美丽童话
的开始，以后的故事也许包容百
味，但一定美不胜收；有绚丽的
晨曦，也有风有雨，但一定有灿
烂的阳光迎接。

图 7-11

时间轴
光标
文字

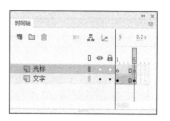

图 7-12

STEP 4 选中“光标”图层的第 5 帧，将“库”面板中的图形元件“光标”拖曳到舞台窗口中，并放置在适当的位置，如图 7-13 所示。选中“文字”图层的第 5 帧，选择“文本”工具 T，将“光标”图层上方的句号删除，效果如图 7-14 所示。分别选中“文字”图层和“光标”图层的第 10 帧，按 F6 键插入关键帧。

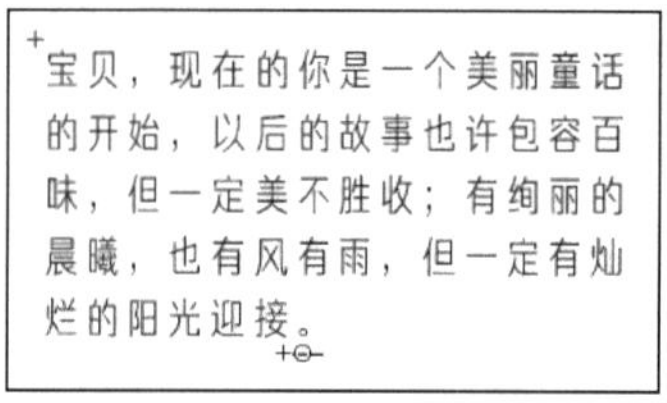

宝贝，现在的你是一个美丽童话
的开始，以后的故事也许包容百
味，但一定美不胜收；有绚丽的
晨曦，也有风有雨，但一定有灿
烂的阳光迎接。

图 7-13

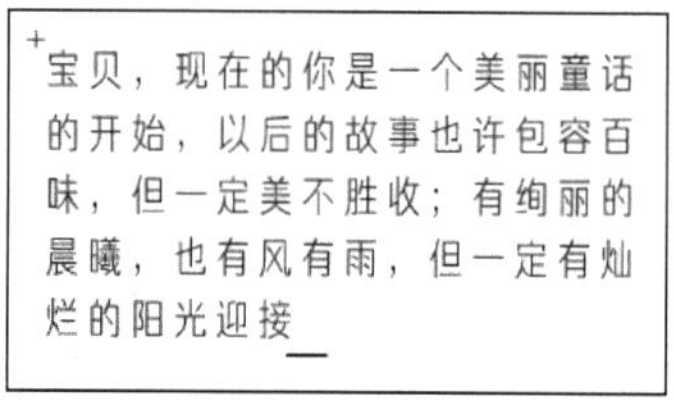

宝贝，现在的你是一个美丽童话
的开始，以后的故事也许包容百
味，但一定美不胜收；有绚丽的
晨曦，也有风有雨，但一定有灿
烂的阳光迎接

图 7-14

STEP 5 选中“光标”图层的第 10 帧，将“光标”实例平移到文字“接”的下方，如图 7-15 所示。选中“文字”图层的第 10 帧，将“光标”图层上方的“接”字删除，效果如图 7-16 所示。

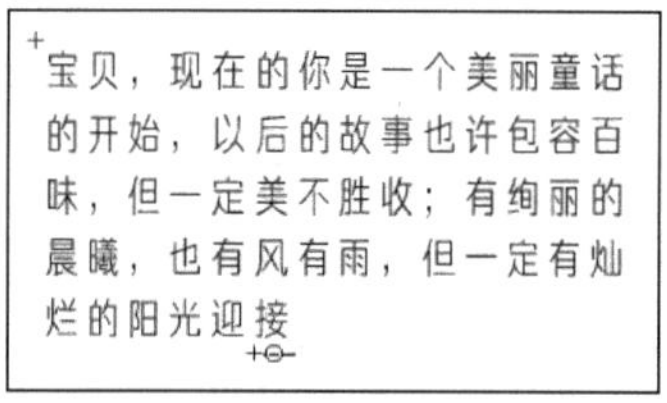

宝贝，现在的你是一个美丽童话
的开始，以后的故事也许包容百
味，但一定美不胜收；有绚丽的
晨曦，也有风有雨，但一定有灿
烂的阳光迎接

图 7-15

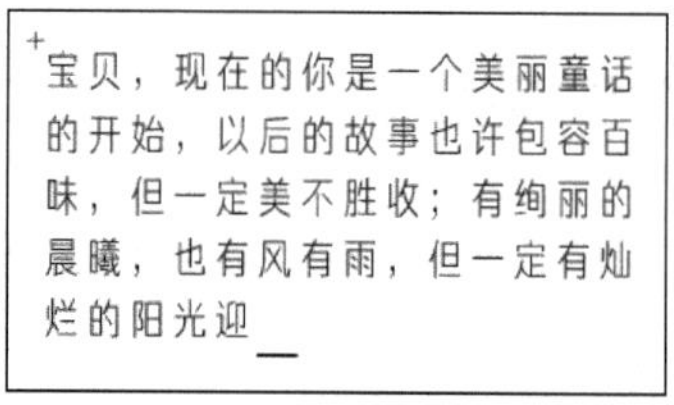

宝贝，现在的你是一个美丽童话
的开始，以后的故事也许包容百
味，但一定美不胜收；有绚丽的
晨曦，也有风有雨，但一定有灿
烂的阳光迎

图 7-16

STEP 6 用相同的方法，每间隔 5 帧插入一个关键帧，在插入的帧上将“光标”实例移动到前一个字的下方并删除该字，直到删除完所有的字，如图 7-17 所示，舞台窗口中的效果如图 7-18 所示。

时间轴
315
13.1 s
24.00 fps
光标
文字

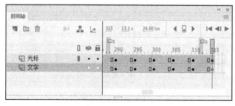

图 7-17

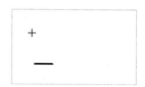

图 7-18

STEP 7 按住 Shift 键的同时单击“文字”图层和“光标”图层的图层名称，选中两个图层中的所有帧。选择“修改 > 时间轴 > 翻转帧”命令，对所有帧进行翻转操作，如图 7-19 所示。

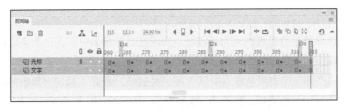

图 7-19

STEP 8 单击舞台窗口左上方的"场景 1"按钮 场景1，进入"场景 1"的舞台窗口。在"时间轴"面板中创建新图层，并将其命名为"文字"。将"库"面板中的影片剪辑元件"文字动"拖曳到舞台窗口中，并放置在适当的位置，如图 7-20 所示。打字效果制作完成，按 Ctrl+Enter 组合键即可查看效果，如图 7-21 所示。

图 7-20

图 7-21

7.1.2　动画中帧的概念

人眼具有视觉暂留的特点，即人眼看到物体或画面后在 1/24 秒内不会消失。利用这一原理，只要在一幅画消失之前播放下一幅画，就会造成流畅的视觉变化效果。动画就是利用这一特点，通过连续播放一系列静止画面，让视觉上形成连续变化的效果。

在 Animate CC 2019 中，这一系列单幅的画面就叫帧，它是 Animate CC 2019 动画中的最小时间单位。每秒钟显示的帧数叫帧率，如果帧率太慢就会造成视觉上的不流畅。因此，按照人眼能感觉的流畅标准，一般将动画的帧率设为 24 帧/秒。

在 Animate CC 2019 中，动画制作的过程就是决定动画每一帧显示什么内容的过程。用户可以像传统动画一样自己绘制动画的每一帧，即制作逐帧动画。但制作逐帧动画的工作量非常大，为此，Animate CC 2019 还提供了一种简单的动画制作方法，即采用关键帧处理技术的插值动画。插值动画又分为运动动画和变形动画两种。

制作插值动画的关键是绘制动画的起始帧和结束帧，中间帧的效果由 Animate CC 2019 自动计算得出。为此，Animate CC 2019 提供了关键帧、过渡帧和空白关键帧的概念。关键帧描绘动画的起始帧和结束帧。当动画内容发生变化时必须插入关键帧，即使是逐帧动画也要为每个画面创建关键帧。关键帧有延续性，起始关键帧中的对象会延续到结束关键帧。过渡帧是在动画起始、结束关键帧中间的、由系统自动生成的帧。空白关键帧是不包含任何对象的关键帧。因为 Animate CC 2019 只支持在关键帧中绘画或插入对象，所以当动画内容发生变化而又不希望延续前面关键帧的内容时，需要插入空白关键帧。

7.1.3　帧的显示形式

在 Animate CC 2019 动画制作过程中，帧包括下述多种显示形式。

1. 空白关键帧

在时间轴中，白色背景带有黑圈的帧为空白关键帧，表示在当前舞台中没有任何内容，如图 7-22 所示。

2．关键帧

在时间轴中，灰色背景带有黑点的帧为关键帧，表示在当前场景中存在一个关键帧，在关键帧相对应的舞台中存在一些内容，如图 7-23 所示。

在时间轴中存在多个帧。带有黑色圆点的第 1 帧为关键帧，最后 1 帧带有黑色的矩形框称为普通帧。除了第 1 帧以外，其他帧均为普通帧，如图 7-24 所示。

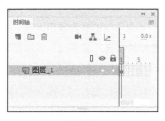
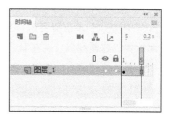

图 7-22　　　　　　　　　图 7-23　　　　　　　　　图 7-24

3．传统补间帧

在时间轴中，带有黑色圆点的第 1 帧和最后 1 帧为关键帧，中间紫色背景带有黑色箭头的帧为传统补间帧，如图 7-25 所示。

4．形状补间帧

在时间轴中，带有黑色圆点的第 1 帧和最后 1 帧为关键帧，中间浅咖色背景带有黑色箭头的帧为形状补间帧，如图 7-26 所示。

在时间轴中，如果帧上出现虚线，则表示是未完成或中断了的补间动画，不能够生成补间帧，如图 7-27 所示。

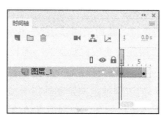
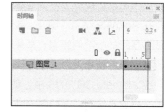

图 7-25　　　　　　　　　图 7-26　　　　　　　　　图 7-27

5．包含动作语句的帧

在时间轴中，第 1 帧上出现一个字母"a"，表示这一帧中包含使用"动作"面板设置的动作语句，如图 7-28 所示。

6．帧标签

在时间轴中，第 1 帧上出现一个红色的旗子标记，表示这一帧的标签类型是名称。旗子右侧的"mc"是帧标签的名称，如图 7-29 所示。

在时间轴中，第 1 帧上出现两条绿色斜杠，表示这一帧的标签类型是注释，如图 7-30 所示。帧注释是对帧的解释，帮助浏览者理解该帧在影片中的作用。

图 7-28

在时间轴中，第 1 帧上出现一个金色的锚，表示这一帧的标签类型是锚记，如图 7-31 所示。帧锚记表示该帧是一个定位，方便浏览者快进、快退。

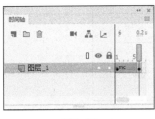

图 7-29

图 7-30

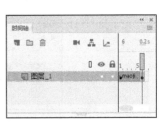

图 7-31

7.1.4 时间轴面板

"时间轴"面板由图层控制区和时间线控制区组成，如图 7-32 所示。

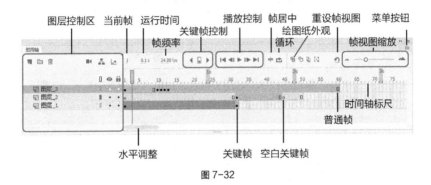

图 7-32

"显示或隐藏所有图层"按钮 ：单击此按钮，可以隐藏或显示图层中的内容。

"锁定或解除锁定所有图层"按钮 ：单击此按钮，可以锁定或解锁图层。

"将所有图层显示为轮廓"按钮 ：单击此按钮，可以将图层中的内容以线框的方式显示。

"新建图层"按钮 ：用于新建图层。

"新建文件夹"按钮 ：用于新建图层文件夹。

"删除"按钮 ：用于删除无用的图层。

"添加摄像头"按钮 ：用于创建摄像机图层。

"显示父级视图"按钮 ：用于显示父级关系。

"单击以调用图层深度面板"按钮 ：单击此按钮，可以调出"图层深度"面板。

时间线控制区中各按钮功能如图 7-32 所示。

7.1.5 绘图纸（洋葱皮）功能

一般情况下，Animate CC 2019 的舞台窗口中只能显示当前帧中的对象。如果希望在舞台窗口中显示多帧对象以帮助当前帧对象的定位和编辑，可以使用 Animate CC 2019 提供的绘图纸（洋葱皮）功能。

打开资源包中的"基础素材 > Ch07 > 01"文件。时间线控制区中绘图纸相关按钮的功能如下。

"帧居中"按钮 ：单击此按钮，播放头所在帧会显示在时间轴的中间位置。

"循环"按钮 ：单击此按钮，标记范围内的帧将以循环播放方式显示在舞台上。

"绘图纸外观"按钮 ：单击此按钮，时间轴标尺上出现绘图纸的标记，如图 7-33 所示；在标记范围内的帧上的对象将同时显示在舞台中，如图 7-34 所示。可以拖曳标记点来增加显示的帧数，如图 7-35 所示。

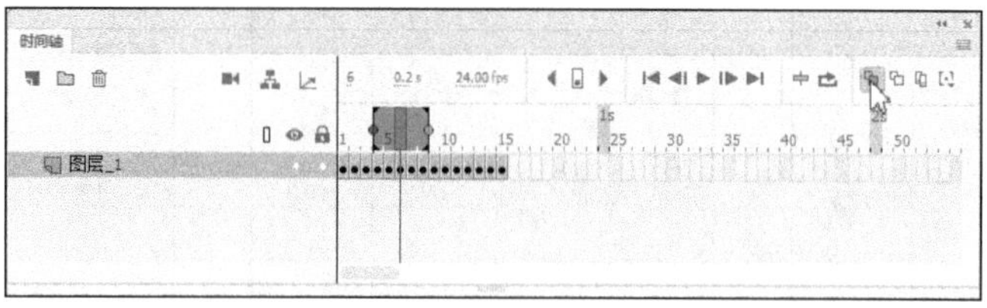

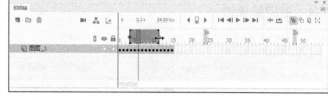

图 7-33

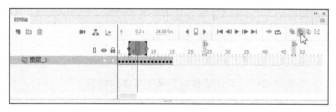

图 7-34

图 7-35

"绘图纸外观轮廓"按钮：单击此按钮，时间轴标尺上会显示绘图纸的标记，如图 7-36 所示，在标记范围内的帧上的对象将以轮廓线的形式同时显示在舞台中，如图 7-37 所示。

图 7-36

图 7-37

"编辑多个帧"按钮：单击此按钮，如图 7-38 所示，绘图纸标记范围内的帧上的对象将同时显示在舞台中，并且可以同时编辑所有的对象，如图 7-39 所示。

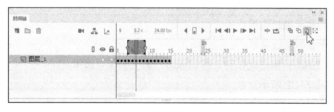

图 7-38

图 7-39

"修改标记"按钮：单击此按钮，弹出下拉菜单，如图 7-40 所示。

"始终显示标记"命令：在时间轴标尺上总是显示绘图纸标记。

"锚定标记"命令：锁定绘图纸标记的显示范围，移动播放头将不会改变显示范围，如图 7-41 所示。

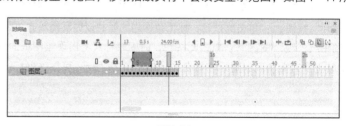

图 7-40

图 7-41

"切换标记范围"命令：锁定绘图纸标记的显示范围，并将其移动到播放头所在的位置，如图 7-42 和图 7-43 所示。

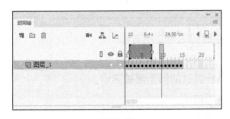

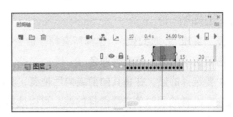

| 图 7-42 | 图 7-43 |

"标记范围 2"命令：绘图纸标记的显示范围从当前帧的前两帧开始，到当前帧的后两帧结束，如图 7-44 所示，图形显示效果如图 7-45 所示。

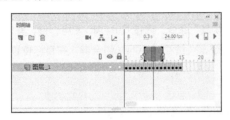

| 图 7-44 | 图 7-45 |

"标记范围 5"命令：绘图纸标记的显示范围从当前帧的前 5 帧开始，到当前帧的后 5 帧结束，如图 7-46 所示，图形显示效果如图 7-47 所示。

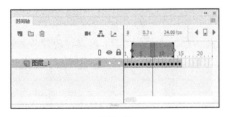

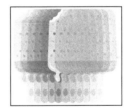

| 图 7-46 | 图 7-47 |

"标记所有范围"命令：绘图纸标记的显示范围为时间轴中的所有帧，如图 7-48 所示，图形显示效果如图 7-49 所示。

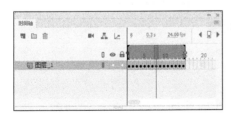

| 图 7-48 | 图 7-49 |

7.1.6 在时间轴面板中设置帧

在"时间轴"面板中，可以对帧进行一系列的操作。

1. 插入帧

选择"插入 > 时间轴 > 帧"命令或按 F5 键，可以在时间轴中插入一个普通帧。

选择"插入 > 时间轴 > 关键帧"命令或按 F6 键，可以在时间轴中插入一个关键帧。

选择"插入 > 时间轴 > 空白关键帧"命令，可以在时间轴中插入一个空白关键帧。

2. 选择帧

选择"编辑 > 时间轴 > 选择所有帧"命令，可以选中时间轴中的所有帧。

单击要选中的帧，帧变为深色。

选中要选择的帧，并将其向前或向后拖曳，其间鼠标指针经过的帧全部被选中。

按住 Ctrl 键的同时单击要选择的帧，可以选择多个不连续的帧。

按住 Shift 键的同时单击要选择的两个帧，可以选中这两个帧中间的所有帧。

3. 移动帧

选中一个或多个帧，按住鼠标左键并拖曳所选帧到目标位置。在移动过程中，如果按住 Alt 键，则会在目标位置上复制出所选的帧。

选中一个或多个帧，选择"编辑 > 时间轴 > 剪切帧"命令，或按 Ctrl+Alt+X 组合键，剪切所选的帧；选中目标位置，选择"编辑 > 时间轴 > 粘贴帧"命令，或按 Ctrl+Alt+V 组合键，在目标位置上粘贴所选的帧。

4. 删除帧

用鼠标右键单击要删除的帧，在弹出的快捷菜单中选择"删除帧"命令。

选中要删除的普通帧，按 Shift+F5 组合键可以删除帧。选中要删除的关键帧，按 Shift+F6 组合键可以删除关键帧。

提 示

在 Animate CC 2019 系统默认状态下，"时间轴"面板中每一个图层的第 1 帧都被设置为关键帧，后面插入的帧将拥有第 1 帧中的所有内容。

7.2 帧动画

应用帧可以制作帧动画或逐帧动画，通过在不同帧上设置不同的对象来实现动画效果。

7.2.1 课堂案例——制作微信 GIF 表情包

⊕ **案例学习目标**

使用导入素材制作动画和逐帧动画。

⊕ **案例知识要点**

使用"导入"命令导入素材，使用"新建元件"命令制作文字元件，使用"复制帧"与"粘贴帧"命令复制与粘贴帧，使用"变形"面板缩放实例的大小。微信 GIF 表情包效果如图 7-50 所示。

⊕ **效果所在位置**

资源包 > Ch07 > 效果 > 制作微信 GIF 表情包.fla。

制作微信 GIF 表情包

图 7-50

1．导入文件制作图形元件

STEP 1 在欢迎页的"详细信息"选项组中将"宽"选项设为 240，"高"选项设为 240，在"平台类型"下拉列表框中选择"ActionScript 3.0"选项，单击"创建"按钮，完成文档的创建。按 Ctrl+J 组合键，弹出"文档设置"对话框，将"舞台颜色"设为粉色（#F5AAFF），单击"确定"按钮，完成舞台颜色的修改。

STEP 2 选择"文件 > 导入 > 导入到库"命令，在弹出的"导入到库"对话框中选择资源包中的"Ch07 > 素材 > 制作微信 GIF 表情包 > 01 ~ 03"文件，单击"打开"按钮，将文件导入"库"面板中，如图 7-51 所示。

STEP 3 按 Ctrl+F8 组合键，弹出"创建新元件"对话框，在"名称"文本框中输入"飞"，在"类型"下拉列表框中选择"图形"选项，如图 7-52 所示。单击"确定"按钮，新建图形元件"飞"，如图 7-53 所示，舞台窗口也随之转换为图形元件的舞台窗口。

图 7-51　　　　　　　　　　　　　图 7-52　　　　　　　　　　　　　图 7-53

STEP 4 将"图层_1"重命名为"文字"。选择"文本"工具 T，在其"属性"面板中进行设置，在舞台窗口中适当的位置输入大小为 37、字体为"汉仪萝卜体简"的蓝色（#1283F5）文字，文字效果如图 7-54 所示。

STEP 5 选择"选择"工具 ▶，在舞台窗口中选中文字，如图 7-55 所示。按 Ctrl+C 组合键复制选中的文字。在"时间轴"面板中创建新图层，并将其命名为"描边"。

STEP 6 按 Ctrl+Shift+V 组合键，将复制的文字原位粘贴到"描边"图层中。保持文字的被选中状态，按 Ctrl+B 组合键将文字打散，效果如图 7-56 所示。

图 7-54　　　　　　　　　　　　　图 7-55　　　　　　　　　　　　　图 7-56

STEP 7 选择"墨水瓶"工具 ![墨水瓶图标]，在其"属性"面板中将"笔触颜色"设为白色，"笔触"宽度设为 3，将鼠标指针放在文字的边缘，如图 7-57 所示。单击文字边缘为文字添加描边，效果如图 7-58 所示。用相同的方法为其他笔画添加描边，效果如图 7-59 所示。在"时间轴"面板中将"描边"图层拖曳到"文字"图层的下方，效果如图 7-60 所示。

STEP 8 用上述的方法制作图形元件"呀"，效果如图 7-61 所示。

| 图 7-57 | 图 7-58 | 图 7-59 | 图 7-60 | 图 7-61 |

2. 制作场景动画

STEP 1 在"属性"面板中将"背景颜色"设为白色，单击舞台窗口左上方的"场景 1"按钮 ![场景1图标] 场景 1，进入"场景 1"的舞台窗口。将"图层_1"重命名为"云"，如图 7-62 所示。将"库"面板中的位图"03"拖曳到舞台窗口中，并放置在适当的位置，如图 7-63 所示。

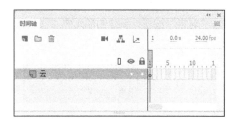

图 7-62

图 7-63

STEP 2 保持"03"文件的被选中状态，按 Ctrl+F8 组合键，弹出"转换为元件"对话框，在"名称"文本框中输入"云"，在"类型"下拉列表框中选择"图形"选项，其他设置如图 7-64 所示。单击"确定"按钮，将"03"文件转换为图形元件，效果如图 7-65 所示。

图 7-64

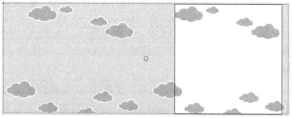

图 7-65

STEP 3 选中"云"图层的第 20 帧，按 F6 键插入关键帧。在舞台窗口中将"云"实例水平向右拖曳到适当的位置，如图 7-66 所示。用鼠标右键单击"云"图层的第 1 帧，在弹出的快捷菜单中选择"创建传统补间"命令，生成传统补间动画，如图 7-67 所示。

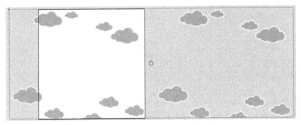

图 7-66

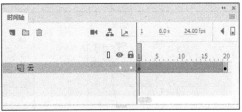

图 7-67

STEP 4 按住 Shfit 键的同时单击第 20 帧，将第 1 帧和第 20 帧之间的帧全部选中，如图 7-68 所示。按 Ctrl+Alt+C 组合键将选中的帧复制；选中第 21 帧，按 Ctrl+Alt+V 组合键将复制的帧粘贴，效果如图 7-69 所示。

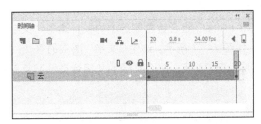

图 7-68

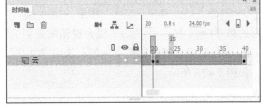

图 7-69

STEP 5 在"时间轴"面板中创建新图层，并将其命名为"小猫"。将"库"面板中的位图"01"文件拖曳到舞台窗口中，并放置在适当的位置，如图 7-70 所示。

STEP 6 选中"小猫"图层的第 21 帧，按 F6 键插入关键帧。选择"选择"工具 ▶ ，在舞台窗口中选中"01"文件，在位图"属性"面板中单击"交换"按钮，在弹出的"交换位图"对话框中选中"02"文件，如图 7-71 所示。单击"确定"按钮，效果如图 7-72 所示。

图 7-70

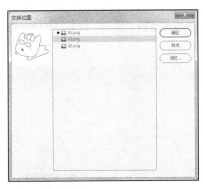

图 7-71

图 7-72

STEP 7 在"时间轴"面板中创建新图层，并将其命名为"文字"。选中"文字"图层的第 1 帧，分别将"库"面板中的图形元件"飞"和"呀"拖曳到舞台窗口中，并放置在适当的位置，如图 7-73 所示。

STEP 8 选中"文字"图层的第 11 帧，按 F6 键插入关键帧。选中"文字"图层的第 1 帧，在舞台窗口中选中"飞"实例，按 Ctrl+T 组合键，弹出"变形"面板，将"缩放宽度"选项和"缩放高度"选项均设为 80%，如图 7-74 所示，效果如图 7-75 所示。

图 7-73   图 7-74   图 7-75

STEP ↘9 选中"文字"图层的第 11 帧，在舞台窗口中选中"呀"实例，在"变形"面板中将"缩放宽度"选项和"缩放高度"选项均设为 80%，效果如图 7-76 所示。

STEP ↘10 选中"文字"图层的第 1 帧，按 Ctrl+Alt+C 组合键复制选中的帧；选中"文字"图层的第 21 帧，按 Ctrl+Alt+V 组合键粘贴复制的帧，如图 7-77 所示。选中"文字"图层的第 11 帧，按 Ctrl+Alt+C 组合键复制选中的帧；选中"文字"图层的第 31 帧，按 Ctrl+Alt+V 组合键粘贴复制的帧，如图 7-78 所示。

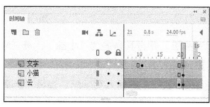

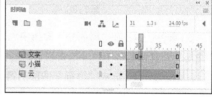

图 7-76   图 7-77   图 7-78

STEP ↘11 微信 GIF 表情包制作完成，选择"文件 > 导出 > 导出动画 GIF"命令，弹出"导出图像"对话框。在"名称"下拉列表框中选择"原来"选项，其他设置如图 7-79 所示。单击"保存"按钮，将制作的动画保存为 GIF 动画。

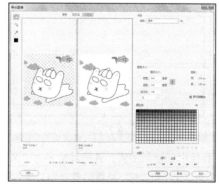

图 7-79

7.2.2 帧动画

选择"文件 > 打开"命令，将资源包中的"基础素材 > Ch07 > 02.fla"文件打开，如图 7-80 所示。在"时间轴"面板中创建新图层，并将其命名为"气球"，将"库"面板中的图形元件"气球"拖曳到舞台窗口中，并放置在适当的位置，如图 7-81 所示。

图 7-80

图 7-81

选中"气球"图层的第 5 帧，按 F6 键插入关键帧，如图 7-82 所示。将气球图形向左上方拖曳到适当的位置，效果如图 7-83 所示。

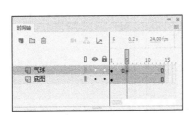

图 7-82

图 7-83

选中"气球"图层的第 10 帧，按 F6 键插入关键帧，如图 7-84 所示。将气球图形向左上方拖曳到适当的位置，效果如图 7-85 所示。

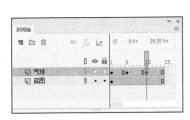

图 7-84

图 7-85

选中"气球"图层的第 15 帧，按 F6 键插入关键帧，如图 7-86 所示。将气球图形向右上方拖曳到适当的位置，效果如图 7-87 所示。

图 7-86

图 7-87

按 Enter 键，让播放头进行播放，即可观看制作效果。动画在不同的关键帧上显示的效果如图 7-88 所示。

（a）第 1 帧　　　　　　（b）第 5 帧　　　　　　（c）第 10 帧　　　　　　（d）第 15 帧

图 7-88

7.2.3　逐帧动画

新建空白文档，选择"文本"工具 T，在第 1 帧的舞台窗口中输入"时"，如图 7-89 所示。选中第 2 帧，如图 7-90 所示。按 F6 键，在第 2 帧上插入关键帧，如图 7-91 所示。

 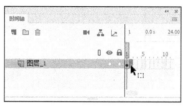 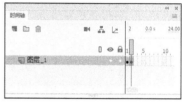

图 7-89　　　　　　　　　　　　图 7-90　　　　　　　　　　　　图 7-91

在第 2 帧的舞台窗口中输入"光"，如图 7-92 所示。用相同的方法在第 3 帧上插入关键帧，在舞台窗口中输入"流"，如图 7-93 所示。在第 4 帧上插入关键帧，在舞台窗口中输入"逝"，如图 7-94 所示。按 Enter 键，让播放头进行播放，即可观看制作效果。

图 7-92　　　　　　　　　　　　图 7-93　　　　　　　　　　　　图 7-94

还可以通过从外部导入图片组来实现逐帧动画的效果。

选择"文件 > 导入 > 导入到舞台"命令，弹出"导入"对话框，在对话框中选择资源包中的"基础素材 > Ch07 > 逐帧动画 > 01"文件，如图 7-95 所示。单击"打开"按钮，弹出提示框，询问是否将图像序列中的所有图像导入，如图 7-96 所示。

图 7-95　　　　　　　　　　　　　　　　　图 7-96

　　单击"是"按钮，将图像序列导入舞台窗口，如图 7-97 所示。按 Enter 键，让播放头进行播放，即可观看制作效果。

图 7-97

7.3　形状补间动画

　　形状补间动画是使图形形状发生变化的动画，形状补间动画所处理的对象必须是舞台上的图形。

7.3.1　课堂案例——制作表情动画

⊕ **案例学习目标**

　　使用"创建补间形状"命令制作形状补间动画。

⊕ **案例知识要点**

　　使用"椭圆"工具、"矩形"工具和"创建补间形状"命令制作形状演变效果，表情动画效果如图 7-98 所示。

⊕ **效果所在位置**

　　资源包 > Ch07 > 效果 > 制作表情动画.fla。

图 7-98

制作表情动画

　　STEP　1 在欢迎页的"详细信息"选项组中将"宽"选项设为 591，"高"选项设为 591，在"平台类型"下拉列表框中选择"ActionScript 3.0"选项，单击"创建"按钮，完成文档的创建。

　　STEP　2 按 Ctrl+F8 组合键，弹出"创建新元件"对话框，在"名称"文本框中输入"眼睛"，在"类型"下拉列表框中选择"影片剪辑"选项，如图 7-99 所示。单击"确定"按钮，新建影片剪辑元件"眼睛"，如图 7-100 所示，舞台窗口也随之转换为影片剪辑元件的舞台窗口。

图 7-99

图 7-100

STEP 3 选择"椭圆"工具 ◯，在工具箱中将"笔触颜色"设为无，"填充颜色"设为酒红色（#921936）。单击工具箱下方的"对象绘制"按钮 ◯，按住 Shfit 键的同时在舞台窗口中绘制一个圆形，如图 7-101 所示。选择"选择"工具 ▶，选中绘制的圆形，在绘制对象"属性"面板中，将"宽"和"高"选项均设为 36，"X"和"Y"选项均设为 0，如图 7-102 所示，效果如图 7-103 所示。

图 7-101   图 7-102   图 7-103

STEP 4 按 Ctrl+C 组合键复制圆形。选中"图层_1"的第 15 帧，按 F7 键插入空白关键帧，如图 7-104 所示。选择"矩形"工具 ▢，在工具箱中将"笔触颜色"设为无，"填充颜色"设为深红色（#4C1020），按住 Shift 键的同时，在舞台窗口中绘制一个矩形。

STEP 5 选择"选择"工具 ▶，选中绘制的矩形。在绘制对象"属性"面板中将"宽"和"高"选项均设为 36，"X"和"Y"选项均设为 0，如图 7-105 所示，效果如图 7-106 所示。

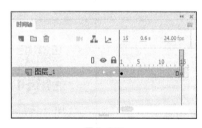

图 7-104   图 7-105   图 7-106

STEP 6 选中"图层_1"的第 30 帧，按 F7 键插入空白关键帧，如图 7-107 所示。按 Ctrl+Shift+V 组合键，将复制的图形原位粘贴到第 30 帧的舞台窗口中。

STEP 7 分别用鼠标右键单击"图层_1"的第 1 帧、第 15 帧，在弹出的快捷菜单中选择"创建补间形状"命令，创建形状补间动画，如图 7-108 所示。

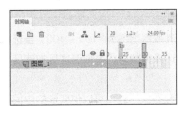

图 7-107

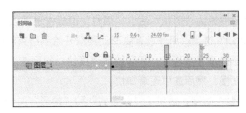

图 7-108

STEP 8 单击舞台窗口左上方的"场景 1"按钮 场景 1，进入"场景 1"的舞台窗口。将"图层_1"重命名为"底图"。选择"文件 > 导入 > 导入到舞台"命令，在弹出的"导入"对话框中选择资源包中的"Ch07 > 素材 > 制作表情效果 > 01"文件，单击"打开"按钮，将文件导入舞台窗口中，如图 7-109 所示。

STEP 9 在"时间轴"面板中创建新图层，并将其命名为"眼睛"。将"库"面板中的影片剪辑元件"眼睛"拖曳到舞台窗口中，并放置在适当的位置，如图 7-110 所示。

STEP 10 选择"选择"工具 ，选中"眼睛"实例，按住 Alt 键的同时拖曳该实例到适当的位置，复制"眼睛"实例，效果如图 7-111 所示。表情动画制作完成，按 Ctrl+Enter 组合键即可查看效果。

图 7-109

图 7-110

图 7-111

7.3.2　简单形状补间动画

如果舞台上的对象是组件实例、多个图形的组合、文字或导入的素材对象，则必须先分离或取消组合，将其打散成图形，才能制作形状补间动画。利用这种动画，也可以实现上述对象的大小、位置、旋转、颜色及透明度等变化。

选择"文件 > 导入 > 导入到舞台"命令，将"03.ai"文件导入舞台的第 1 帧中。多次按 Ctrl+B 组合键将其打散，如图 7-112 所示。选中"图层 1"的第 10 帧，按 F7 键插入空白关键帧，如图 7-113 所示。

图 7-112

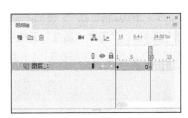

图 7-113

选择"文件 > 导入 > 导入到库"命令，将"04.ai"文件导入库中。将"库"面板中的图形元件"04"拖曳到第 10 帧的舞台窗口中，多次按 Ctrl+B 组合键将其打散，如图 7-114 所示。

用鼠标右键单击"图层 1"的第 1 帧，在弹出的快捷菜单中选择"创建补间形状"命令，如图 7-115 所示。

将元件设为"形状"后，"属性"面板中出现以下两个新的选项。

"缓动"选项：用于设置变形动画从开始到结束时的变形速度，其取值范围为–100 ~ 100。当选择正数时，变形速度呈减速度，即开始时速度快，然后速度逐渐减慢；当选择负数时，变形速度呈加速度，即开始时速度慢，然后速度逐渐加快。

"混合"选项：提供了"分布式"和"角形"两个选项。选择"分布式"选项可以使变形的中间形状趋于平滑；选择"角形"选项则创建包含角度和直线的中间形状。

设置完成后，在"时间轴"面板中，第 1 帧和第 10 帧之间出现黄色的背景和黑色的箭头，表示生成形状补间动画，如图 7-116 所示。按 Enter 键，让播放头进行播放，即可观看制作效果。

图 7-114　　　　　　　　　　　　　图 7-115　　　　　　　　　　　　　图 7-116

在变形过程中，每一帧上的图形都会发生不同的变化，如图 7-117 所示。

（a）第 1 帧　　　　（b）第 3 帧　　　　（c）第 5 帧　　　　（d）第 7 帧　　　　（e）第 10 帧

图 7-117

7.3.3　应用变形提示

使用变形提示，可以让原图形上的某一点变换到目标图形的某一点上，从而制作出各种复杂的变形效果。

选择"多角星形"工具 ，在其"属性"面板中进行设置，在第 1 帧的舞台中绘制一个五角星，如图 7-118 所示。选中第 10 帧，按 F7 键插入空白关键帧，如图 7-119 所示。

选择"文本"工具 ，在其"属性"面板中进行设置，在舞台窗口中适当的位置输入大小为 200、字体为"汉仪超粗黑简"的玫红色（#FD2D61）文字，效果如图 7-120 所示。

图 7-118　　　　　　　　　　　　　图 7-119　　　　　　　　　　　　　图 7-120

选择"选择"工具 ，选中字母"A"，按 Ctrl+B 组合键将其打散，效果如图 7-121 所示。用鼠标右键单击第 1 帧，在弹出的快捷菜单中选择"创建补间形状"命令，如图 7-122 所示。在"时间轴"面板中，第 1 帧和第 10 帧之间出现浅咖色的背景和黑色的箭头，表示生成形状补间动画，如图 7-123 所示。

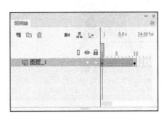

图 7-121　　　　　　　　　　　　　图 7-122　　　　　　　　　　　　　图 7-123

将"时间轴"面板中的播放头放在第 1 帧上，选择"修改 > 形状 > 添加形状提示"命令，或按 Ctrl+Shift+H 组合键，五角星的中间出现红色的提示点"a"，如图 7-124 所示。将提示点拖曳到五角星上方的角点上，如图 7-125 所示。将"时间轴"面板中的播放头放在第 10 帧上，第 10 帧的字母上也会出现红色的提示点"a"，如图 7-126 所示。

图 7-124　　　　　　　　　　　图 7-125　　　　　　　　　　　图 7-126

将字母上的提示点拖曳到右下方的边线上，提示点变为绿色，如图 7-127 所示。这时，再将播放头放置在第 1 帧上，可以观察到刚才红色的提示点变为黄色，如图 7-128 所示，这表示第 1 帧中的提示点和第 10 帧的提示点已经相互对应。

用相同的方法在第 1 帧的五角星中再添加两个提示点，分别为"b""c"，并分别将其放置在五角星下方的角点上，如图 7-129 所示。在第 10 帧中，将提示点按顺时针的方向分别设置在字母的边线上，如图 7-130 所示。完成提示点的设置后，按 Enter 键，让播放头进行播放，即可观看效果。

图 7-127　　　　　　　图 7-128　　　　　　　图 7-129　　　　　　　图 7-130

形状提示点一定要按顺时针的方向添加，顺序不能错，否则将无法实现效果。

在使用变形提示前，Animate CC 2019 系统自动生成的图形变化过程如图 7-131 所示。

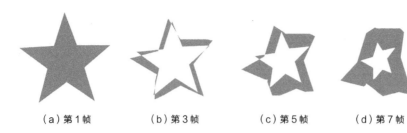

| （a）第 1 帧 | （b）第 3 帧 | （c）第 5 帧 | （d）第 7 帧 | （e）第 10 帧 |

图 7-131

在使用变形提示后，在提示点的作用下，图形变化过程如图 7-132 所示。

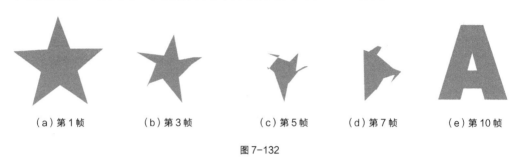

| （a）第 1 帧 | （b）第 3 帧 | （c）第 5 帧 | （d）第 7 帧 | （e）第 10 帧 |

图 7-132

7.4 补间动画

补间动画所处理的对象必须是舞台窗口中的组件实例、多个图形的组合、文字或导入的素材对象。利用这种动画，可以实现上述对象的大小、位置、旋转、颜色及透明度等变化效果。

7.4.1 课堂案例——制作小汽车动画

+ 案例学习目标

使用"创建传统补间"命令制作动画。

+ 案例知识要点

使用"导入到库"命令导入素材制作图形元件，使用"创建传统补间"命令创建传统补间动画，使用"属性"面板改变实例的旋转方向。小汽车动画效果如图 7-133 所示。

+ 效果所在位置

资源包 > Ch07 > 效果 > 制作小汽车动画.fla。

图 7-133

制作小汽车动画

STEP　1 在欢迎页的"详细信息"选项组中将"宽"选项设为 1000，"高"选项设为 700，在"平台类型"下拉列表框中选择"ActionScript 3.0"选项，单击"创建"按钮，完成文档的创建。

STEP　2 选择"文件 > 导入 > 导入到库"命令，在弹出的"导入到库"对话框中选择资源包中的"Ch07 > 素材 > 制作小汽车动画 > 01 ~ 04"文件，单击"打开"按钮，将文件导入"库"面板中，如图 7-134 所示。

STEP　3 按 Ctrl+F8 组合键，弹出"创建新元件"对话框，在"名称"文本框中输入"车轮"，在"类型"下拉列表框中选择"图形"选项，单击"确定"按钮，新建图形元件"车轮"，如图 7-135 所示，舞台窗口也随之转换为图形元件的舞台窗口。将"库"面板中的位图"03"拖曳到舞台窗口中，并放置在适当的位置，如图 7-136 所示。

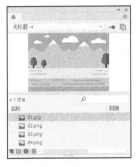

图 7-134　　　　　　　　　　图 7-135　　　　　　　　　　图 7-136

STEP　4 新建图形元件"线条"，舞台窗口也随之转换为图形元件"线条"的舞台窗口。将"库"面板中的位图"04"拖曳到舞台窗口中，并放置在适当的位置，如图 7-137 所示。

STEP　5 新建影片剪辑元件"车轮动"，舞台窗口也随之转换为影片剪辑元件"车轮动"的舞台窗口。将"库"面板中的图形元件"车轮"拖曳到舞台窗口中，如图 7-138 所示。

图 7-137　　　　　　　　　　　　　　　　　　图 7-138

STEP　6 选中"图层_1"的第 30 帧，按 F6 键插入关键帧，如图 7-139 所示。用鼠标右键单击"图层_1"的第 1 帧，在弹出的快捷菜单中选择"创建传统补间"命令，生成传统补间动画，如图 7-140 所示。

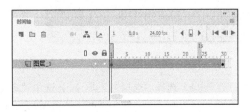

图 7-139　　　　　　　　　　　　　　　　图 7-140

STEP　7 选中"图层_1"的第 1 帧，在帧"属性"面板中选择"补间"选项组，将"旋转"选项设为"逆时针"，旋转次数设为 1，如图 7-141 所示。

STEP ↘8 新建影片剪辑元件"线条动"，舞台窗口也随之转换为影片剪辑元件"线条动"的舞台窗口。将"库"面板中的图形元件"线条"拖曳到舞台窗口中，并将其放置在适当的位置，如图 7-142 所示。

图 7-141   图 7-142

STEP ↘9 分别选中"图层_1"的第 15 帧、第 30 帧，按 F6 键插入关键帧。选中"图层_1"的第 15 帧，在舞台窗口中将"线条"实例水平向右拖曳到适当的位置，如图 7-143 所示。

STEP ↘10 分别用鼠标右键单击"图层_1"的第 1 帧、第 15 帧，在弹出的快捷菜单中选择"创建传统补间"命令，生成传统补间动画，如图 7-144 所示。

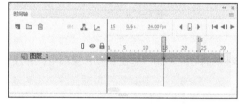

图 7-143   图 7-144

STEP ↘11 新建影片剪辑元件"汽车动"，舞台窗口也随之转换为影片剪辑元件"汽车动"的舞台窗口。将"图层_1"重命名为"车体"，将"库"面板中的位图"02"拖曳到舞台窗口中，并放置在适当的位置，如图 7-145 所示。

STEP ↘12 在"时间轴"面板中创建新图层，并将其命名为"车轮"。将"库"面板中的影片剪辑元件"车轮动"拖曳到舞台窗口中，并放置在适当的位置，如图 7-146 所示。

图 7-145   图 7-146

STEP ↘13 选择"选择"工具 ▶，选中"车轮动"实例，按住 Alt+Shift 组合键的同时拖曳该实例到适当的位置，复制"车轮动"实例，效果如图 7-147 所示。

STEP ↘14 在"时间轴"面板中创建新图层，并将其命名为"装饰"。将"库"面板中的影片剪辑元件"线条动"拖曳到舞台窗口中，并放置在适当的位置，如图 7-148 所示。

图 7-147   图 7-148

STEP 15 在"时间轴"面板中将"装饰"图层拖曳到"车体"图层的下方，如图 7-149 所示，效果如图 7-150 所示。

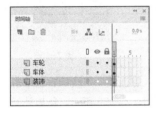

图 7-149   图 7-150

STEP 16 单击舞台窗口左上方的"场景 1"按钮 场景 1，进入"场景 1"的舞台窗口。将"图层_1"重命名为"底图"。将"库"面板中的位图"01"拖曳到舞台窗口的中心位置，如图 7-151 所示。选中"底图"图层的第 120 帧，按 F5 键插入普通帧。

STEP 17 在"时间轴"面板中创建新图层，并将其命名为"汽车"。将"库"面板中的影片剪辑元件"汽车动"拖曳到舞台窗口的右外侧，如图 7-152 所示。选择"汽车"图层的第 120 帧，按 F6 键插入关键帧。在舞台窗口中将"汽车动"实例水平向左拖曳到舞台窗口的左外侧，如图 7-153 所示。

图 7-151   图 7-152   图 7-153

STEP 18 用鼠标右键单击"汽车"图层的第 1 帧，在弹出的快捷菜单中选择"创建传统补间"命令，生成传统补间动画，如图 7-154 所示。汽车动画制作完成，按 Ctrl+Enter 组合键即可查看效果，如图 7-155 所示。

图 7-154   图 7-155

7.4.2 创建补间动画

补间动画是一种使用元件的动画，可以实现元件的位移、大小、旋转、透明度和颜色等动画设置。

打开资源包中的"基础素材 > Ch07 > 05"文件，如图 7-156 所示。在"时间轴"面板中创建新图层并将其命名为"飞机"，如图 7-157 所示。将"库"面板中的图形元件"飞机"拖曳到舞台窗口中，并放置在适当的位置，如图 7-158 所示。

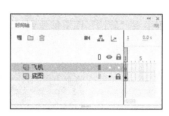

| 图 7-156 | 图 7-157 | 图 7-158 |

分别选中"底图"图层和"飞机"图层的第 40 帧，按 F5 键插入普通帧。用鼠标右键单击"飞机"图层的第 1 帧，在弹出的快捷菜单中选择"创建补间动画"命令，如图 7-159 所示。创建补间动画，如图 7-160 所示。

创建完成后补间范围以黄色背景显示，而且只有第 1 帧为关键帧，其余帧均为普通帧。

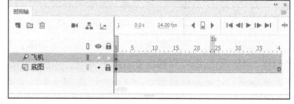

| 图 7-159 | 图 7-160 |

为对象设置动画后，对象的"属性"面板中出现多个新的选项，如图 7-161 所示。

"缓动"选项：用于设定补间动画从开始到结束的运动速度，其取值范围为-100 ~ 100。当选择正数时，运动速度呈减速度，即开始时速度快，然后速度逐渐减慢；当选择负数时，运动速度呈加速度，即开始时速度慢，然后速度逐渐加快。

"旋转"选项：用于设置对象在运动过程中的旋转次数和度数。

"方向"选项：用于设置旋转的方向。

"调整到路径"复选框：勾选此复选框，可以按照运动轨迹曲线改变对象变化的方向。

"路径"选项组：用于设置对象的运动轨迹。

"同步图形元件"复选框：勾选此复选框，如果对象是一个包含动画效果的图形组件实例，则其动画和主时间轴同步。

图 7-161

选中"飞机"图层的第 40 帧，在舞台窗口中将"飞机"实例拖曳到适当的位置，如图 7-162 所示。此时在第 40 帧上会自动产生一个属性关键帧，并在舞台窗口中显示运动轨迹。

选择"选择"工具 ▶ ，将鼠标指针放置在运动轨迹上，鼠标指针变为 ▶ ，如图 7-163 所示。单击并拖曳鼠标可以更改运动轨迹，效果如图 7-164 所示。

图 7-162　　　　　　　　　　图 7-163　　　　　　　　　　图 7-164

完成补间动画的制作后，按 Enter 键，让播放头进行播放，即可观看制作效果。

7.4.3　传统补间动画

新建空白文档，选择"文件 > 导入 > 导入到库"命令，将"06"文件导入"库"面板中，如图 7-165 所示。将"库"面板中的图形元件"06"拖曳到舞台的左下方，如图 7-166 所示。

选中第 10 帧，按 F6 键插入关键帧，如图 7-167 所示。将图形拖曳到舞台的右上方，如图 7-168 所示。

图 7-165　　　　　　　图 7-166　　　　　　　图 7-167　　　　　　　图 7-168

用鼠标右键单击第 1 帧，在弹出的快捷菜单中选择"创建传统补间"命令，创建传统补间动画。

为对象设置动画后，对象的"属性"面板中出现多个新的选项，如图 7-169 所示。

"缓动"选项：用于设定传统补间动画从开始到结束时的运动速度，其取值范围为-100 ~ 100。当选择正数时，运动速度呈减速度，即开始时速度快，然后速度逐渐减慢；当选择负数时，运动速度呈加速度，即开始时速度慢，然后速度逐渐加快。

"旋转"选项：用于设置对象在运动过程中的旋转次数和度数。

"贴紧"复选框：勾选此复选框，如果使用运动引导动画，则根据对象的中心点将其吸附到运动路径上。

"调整到路径"复选框：勾选此复选框，对象在运动引导动画过程中，可以根据引导路径的曲线改变变化的方向。

"沿路径着色"复选框：勾选此复选框，对象在运动引导动画过程中，可以根据引导路径的曲线的颜色自动为对象着色。

"沿路径缩放"复选框：勾选此复选框，对象在运动引导动画过程中，可以沿引导路径改变比例。

"同步"复选框：勾选此复选框，如果对象是一个包含动画效果的图形组件实例，则其动画和主时间轴同步。

"缩放"复选框：勾选此复选框，对象在动画过程中可以改变比例。

在"时间轴"面板中，第 1 帧和第 10 帧之间出现紫色的背景和黑色的箭头，表示生成传统补间动画，如图 7-170 所示。完成传统补间动画的制作后，按 Enter 键，让播放头进行播放，即可观看制作效果。

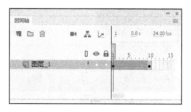

图 7-169   图 7-170

如果想观察制作的传统补间动画中每 1 帧产生的不同效果，可以单击"时间轴"面板下方的"绘图纸外观"按钮 ，并将标记点的起始点设为第 1 帧，终止点设为第 10 帧，如图 7-171 所示。舞台窗口中显示在不同的帧中图形位置的变化效果，如图 7-172 所示。

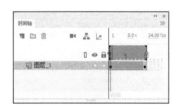

图 7-171   图 7-172

如果在帧"属性"面板中将"旋转"选项设为"顺时针"，如图 7-173 所示。在不同的帧中，图形位置的变化效果如图 7-174 所示。

图 7-173   图 7-174

还可以在对象的运动过程中改变其大小和透明度等，方法如下。

新建空白文档，选择"文件 > 导入 > 导入到库"命令，在弹出的"导入到库"对话框中选择资源包中的"基础素材 > Ch07 > 07"文件，单击"打开"按钮，弹出"将'07.ai'文件导入到库"对话框，单击"导入"按钮，将文件导入"库"面板中，如图 7-175 所示。将图形拖曳到舞台的中心，如图 7-176 所示。

用鼠标右键单击"图层_1"的第 10 帧，在弹出的快捷菜单中选择"插入关键帧"命令，在第 10 帧上插入一个关键帧，如图 7-177 所示。

图 7-175

图 7-176

图 7-177

按 Ctrl+T 组合键，弹出"变形"面板，单击"水平翻转所选内容"按钮 ◁▷，如图 7-178 所示，效果如图 7-179 所示。

在"变形"面板中将"缩放宽度"选项和"缩放高度"选项均设为 70%，如图 7-180 所示，效果如图 7-181 所示。

图 7-178

图 7-179

图 7-180

图 7-181

选择"选择"工具 ▶，在舞台窗口中选中"07"实例，选择"窗口 > 属性"命令，打开图形"属性"面板，在"色彩效果"选项组的"样式"下拉列表框中选择"Alpha"选项，将其值设为 20，如图 7-182 所示。

舞台中图形的不透明度被改变，如图 7-183 所示。在"时间轴"面板中用鼠标右键单击"图层_1"的第 1 帧，在弹出的快捷菜单中选择"创建传统补间"命令，在第 1 帧和第 10 帧之间生成传统补间动画，如图 7-184 所示。按 Enter 键，让播放头进行播放，即可观看制作效果。

图 7-182

图 7-183

图 7-184

在不同的关键帧中，图形的动作变化效果如图 7-185 所示。

（a）第 1 帧　　　（b）第 3 帧　　　（c）第 5 帧　　　（d）第 7 帧　　　（e）第 9 帧　　　（f）第 10 帧

图 7-185

7.4.4　测试动画

在动画制作完成后，要对其进行测试。可以通过以下几种方法来测试动画。

1．应用播放命令

选择"控制 > 播放"命令，或按 Enter 键，可以播放当前舞台窗口中的动画。在"时间轴"面板中可以看见播放头在运动，随着播放头的运动，舞台窗口中会显示播放头所经过的帧上的内容。

2．应用测试影片命令

选择"控制 > 测试影片"命令，或按 Ctrl+Enter 组合键，可以进入动画测试窗口，对动画作品的多个影片进行连续的测试。

3．应用测试场景命令

选择"控制 > 测试场景"命令，或按 Ctrl+Alt+Enter 组合键，可以进入动画测试窗口，测试当前舞台窗口中显示的场景或元件中的动画。

7.5　骨骼动画的创建

骨骼动画可以创建人物运动状态的一些过程，如胳膊、腿和面部表情的自然运动。

7.5.1　课堂案例——制作骨骼动画

⊕ 案例学习目标

使用"骨骼"工具制作骨骼动画。

⊕ 案例知识要点

使用"导入"命令导入素材制作图形元件，使用"新建元件"命令制作影片剪辑元件，使用"骨骼"工具添加骨骼制作小鸡运动。骨骼动画效果如图 7-186 所示。

⊕ 效果所在位置

资源包 > Ch07 > 效果 > 制作骨骼动画.fla。

制作骨骼动画

图 7-186

STEP 1 选择"文件 > 新建"命令，弹出"新建文档"对话框。在"详细信息"选项组中将"宽"选项设为 600，"高"选项设为 600，在"平台类型"下拉列表框中选择"ActionScript 3.0"选项，单击"创建"按钮，完成文档的创建。

STEP 2 将"图层_1"重命名为"底图"。按 Ctrl+R 组合键，在弹出的"导入"对话框中选择资源包中的"Ch07 > 素材 > 制作骨骼动画 > 01"文件，单击"打开"按钮，将文件导入舞台窗口中，如图 7-187 所示。选中"底图"图层的第 40 帧，按 F5 键插入普通帧。

STEP 3 按 Ctrl+R 组合键，在弹出的"导入"对话框中选择资源包中的"Ch07 > 素材 > 制作骨骼动画 > 02.ai"文件，单击"打开"按钮，弹出"将'02.ai'导入到舞台"对话框，单击"导入"按钮，将文件导入舞台窗口中，如图 7-188 所示。在"时间轴"面板中自动生成"图层_1"，如图 7-189 所示。

图 7-187

图 7-188

图 7-189

STEP 4 选择"选择"工具 ▶，将小鸡图形拖曳到适当的位置，如图 7-190 所示。选中图 7-191 所示的图形，按 Ctrl+F8 组合键，在弹出的"转换为元件"对话框中进行设置，如图 7-192 所示。单击"确定"按钮，将选中的图形转换为影片剪辑元件。

图 7-190

图 7-191

图 7-192

STEP 5 选中图 7-193 所示的图形，按 Ctrl+F8 组合键，在弹出的"转换为元件"对话框中进行设置，如图 7-194 所示。单击"确定"按钮，将选中的图形转换为影片剪辑元件，如图 7-195 所示。

图 7-193

图 7-194

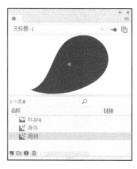
图 7-195

STEP 6 选中图 7-196 所示的图形，按 Ctrl+F8 组合键，弹出"转换为元件"对话框。在"名称"文本框中输入"头部"，在"类型"下拉列表框中选择"影片剪辑"选项，单击"确定"按钮，将选中的图形转换为影片剪辑元件。

STEP 7 选中图 7-197 所示的图形，按 Ctrl+F8 组合键，弹出"转换为元件"对话框。在"名称"文本框中输入"尾巴"，在"类型"下拉列表框中选择"影片剪辑"选项，单击"确定"按钮，将选中的图形转换为影片剪辑元件，如图 7-198 所示。

图 7-196

图 7-197

图 7-198

STEP 8 选中图 7-199 所示的实例图形，按 Ctrl+X 组合键，剪切选中的实例。将"图层_1"重命名为"腿"，在"时间轴"面板中创建新图层，并将其命名为"小鸡"，如图 7-200 所示。按 Ctrl+Shift+V 组合键，将剪切的实例原位粘贴到"小鸡"图层的舞台窗口中。

STEP 9 选择"骨骼"工具 ✐，将鼠标指针放置在"翅膀"实例上，鼠标指针变为 ✐，单击并向"头部"实例上拖曳鼠标指针到适当的位置，如图 7-201 所示。松开鼠标，创建小鸡翅膀与头部连接的骨骼，如图 7-202 所示，在"时间轴"面板中自动生成一个"骨骼_1"图层。

图 7-199

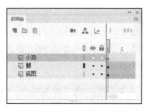
图 7-200

图 7-201

图 7-202

STEP 10 将鼠标指针放置在"翅膀"实例的红色矩形块上，鼠标指针变为 ✐，单击并向"身体"实例上拖曳鼠标指针到适当的位置，如图 7-203 所示。松开鼠标，创建小鸡翅膀与身体连接的骨骼，如图 7-204 所示。

STEP **11** 将鼠标指针放置在"身体"实例的骨骼点上,如图 7-205 所示,鼠标指针变为 ,单击并向"尾巴"实例上拖曳鼠标指针到适当的位置。松开鼠标,创建小鸡身体与尾巴连接的骨骼,如图 7-206 所示。

图 7-203   图 7-204   图 7-205   图 7-206

STEP **12** 调整各个实例的层次,效果如图 7-207 所示。选中"骨架_1"图层的第 10 帧,按 F6 键插入关键帧。在舞台窗口中调整各个实例的位置及角度,如图 7-208 所示。选中第 20 帧,按 F6 键插入关键帧。在舞台窗口中调整各个实例的位置及角度,效果如图 7-209 所示。

STEP **13** 选中第 30 帧,按 F6 键插入关键帧。在舞台窗口中调整各个实例的位置及角度,效果如图 7-210 所示。骨骼动画制作完成,按 Ctrl+Enter 组合键即可查看效果。

图 7-207   图 7-208   图 7-209   图 7-210

7.5.2 添加骨骼

使用"骨骼"工具 可以为影片剪辑元件、图形元件、按钮元件、单个图形添加骨骼。

打开资源包中的"基础素材 > Ch07 > 08.fla"文件,如图 7-211 所示。选择"选择"工具 ,选中图 7-212 所示的图形,按 Ctrl+F8 组合键,弹出"转换为元件"对话框。在"名称"文本框中输入"头部",在"类型"下拉列表框中选择"影片剪辑"选项,单击"确定"按钮,将选中的图形转换为影片剪辑元件。用相同的方法分别将小狗身体和尾巴部位转换为影片剪辑元件,如图 7-213 所示。

  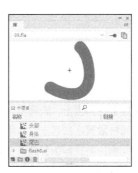

图 7-211   图 7-212   图 7-213

选择"骨骼"工具 ，将鼠标指针放置在小狗身体部位上，鼠标指针变为 ，单击并向头部拖曳鼠标指针到适当的位置，如图 7-214 所示。松开鼠标，创建小狗身体与头部连接的骨骼，如图 7-215 所示。

将鼠标指针放置在身体部位的骨骼点上，单击并向小狗尾巴部位拖曳鼠标指针，松开鼠标，创建小狗身体与尾巴连接的骨骼，如图 7-216 所示。

图 7-214　　　　　　　　　　图 7-215　　　　　　　　　　图 7-216

选择"选择"工具 ，按住 Shift 键的同时在舞台窗口中选中需要的实例，如图 7-217 所示。选择"修改 > 排列 > 移至顶层"命令，将选中的实例置于顶层，如图 7-218 所示。

图 7-217　　　　　　　　　　　　　　图 7-218

7.5.3　编辑骨骼

添加好骨骼之后，可以通过控件对实例进行平移或旋转等操作。

选择"选择"工具 ，在骨骼点上单击将其选中，如图 7-219 所示。在骨骼点上出现一个圆圈和一个加号，如图 7-220 所示。

 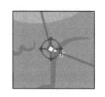

图 7-219　　　　　　　　　　　　　　图 7-220

单击骨骼点，图标变为图 7-221 所示的效果；再次单击骨骼点，图标变为图 7-222 所示的效果。将鼠标指针放置在圆圈上，圆圈变为红色，如图 7-223 所示，当鼠标指针变为 时，拖曳鼠标可以旋转实例；将鼠标指针放置在加号上，水平箭头变为红色，当鼠标指针变为 时，如图 7-224 所示，拖曳鼠标可以水平移动实例；将鼠标指针放置在加号上，垂直箭头变为红色，当鼠标指针变为 时，如图 7-225 所示，拖曳鼠标可以垂直移动实例。

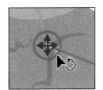

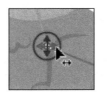

图 7-221　　　　　图 7-222　　　　　图 7-223　　　　　图 7-224　　　　　图 7-225

7.6　摄像机动画的创建

在 Animate CC 2019 中，使用摄像头图层可以在动画中模拟真实的摄像机效果。

7.6.1　课堂案例——制作镜头动画

案例学习目标

使用"时间轴"面板创建摄像头图层。

案例知识要点

使用"打开"命令打开素材文件，使用"添加摄像头"按钮添加摄像头图层，使用"摄像头"属性制作镜头放大的位移效果。镜头动画效果如图 7-226 所示。

效果所在位置

资源包 > Ch07 > 效果 > 制作镜头动画.fla。

图 7-226

制作镜头动画

STEP 1 选择"文件 > 打开"命令，在弹出的"打开"对话框中选择资源包中的"Ch07 > 素材 > 7.6.1-制作镜头动画 > 01"文件，如图 7-227 所示。单击"打开"按钮，打开文件如图 7-228 所示。

图 7-227

图 7-228

STEP 2 单击"时间轴"面板中的"添加摄像头"按钮 ，创建一个摄像头图层，如图 7-229

所示，舞台窗口效果如图 7-230 所示。

图 7-229

图 7-230

STEP 3 选中"Camera"图层的第 60 帧，按 F6 键插入关键帧。在摄像头"属性"面板的"摄像头属性"选项组中，将"缩放"选项设为 149，如图 7-231 所示，效果如图 7-232 所示。

图 7-231

图 7-232

STEP 4 选中"Camera"图层的第 120 帧，按 F6 键插入关键帧。在摄像头"属性"面板的"摄像头属性"选项组中，将"位置"选项设为-178、0，如图 7-233 所示，效果如图 7-234 所示。

图 7-233

图 7-234

STEP 5 分别用鼠标右键单击"Camera"图层的第 1 帧和第 60 帧，在弹出的快捷菜单中选择"创建传统补间"命令，生成传统补间动画，如图 7-235 所示。镜头动画制作完成，按 Ctrl+Enter 组合键即可查看效果。

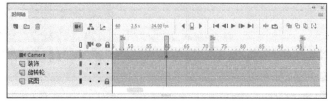

图 7-235

7.6.2　添加摄像头图层

在 Animate CC 2019 中，要创建镜头动画，首先要添加摄像机图层。在"时间轴"面板中单击"添加摄像头"按钮 ▨，或选择工具箱中的"摄像头"工具 ▨，可以创建一个摄像头图层，如图 7-236 所示。

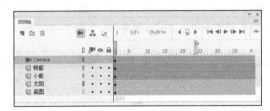

图 7-236

在 Animate CC 2019 中只能添加一个摄像头图层。

7.6.3　设置摄像头图层属性

添加摄像头图层后，可以在摄像头的"属性"面板中设置"位置""缩放""旋转""色彩效果"等属性，如图 7-237 所示。

图 7-237

1．位置

添加摄像头图层后，选择"摄像头"工具 ▨，将鼠标指针放置在舞台窗口中，鼠标指针变为 ⁺▨，如图 7-238 所示。按住 Shift 键的同时单击并拖曳鼠标可以移动摄像头的位置，效果如图 7-239 所示。

图 7-238

图 7-239

通过设置摄像头"属性"面板"摄像头属性"选项组中的"位置"属性，可以精确地移动摄像头的位置。

2. 缩放

添加摄像头图层后，在舞台窗口中出现"摄像头"工具，如图 7-240 所示。单击该工具中的"缩放"按钮 ，激活缩放控件。拖曳右侧的滑块可以缩放摄像头，如图 7-241 所示。

图 7-240　　　　　　　　　　　　　　　　　图 7-241

通过设置摄像头"属性"面板"摄像头属性"选项组中的"缩放"属性，可以精确地缩放摄像头。

3. 旋转

添加摄像头图层后，在舞台窗口中出现"摄像头"工具，如图 7-242 所示。单击该工具中的"旋转"按钮 ，激活旋转控件。拖曳右侧的滑块可以旋转摄像头，如图 7-243 所示。

图 7-242　　　　　　　　　　　　　　　　　图 7-243

通过设置摄像头"属性"面板"摄像头属性"选项组中的"旋转"属性，可以精确地旋转摄像头的角度。

4. 色彩效果

添加摄像头图层后，在摄像头"属性"面板"色彩效果"选项组中可以调整摄像头的颜色和亮度等属性，如图 7-244 所示。

图 7-244

7.7 课堂练习——制作文字动画

练习知识要点

使用"文本"工具添加文字，使用"变形"面板对文字进行水平倾斜和垂直倾斜，使用"分离"命令将文字分离为独立体，使用"转换为元件"命令将文字转换为元件，使用"创建传统补间"命令制作文字动画。文字动画效果如图 7-245 所示。

效果所在位置

资源包 > Ch07 > 效果 > 制作文字动画.fla。

图 7-245

制作文字动画 1　　　制作文字动画 2　　　制作文字动画 3

7.8 课后习题——制作房地产广告

⊕ 习题知识要点

使用"导入"命令导入素材制作图形元件，使用"文本"工具输入广告语，使用"创建传统补间"命令制作补间动画，使用"属性"面板改变实例的不透明度。房地产广告效果如图 7-246 所示。

⊕ 效果所在位置

资源包 > Ch07 > 效果 > 制作房地产广告.fla。

图 7-246

制作房地产广告

8

第 8 章
层与高级动画

　　层在 Animate CC 2019 中有着举足轻重的地位。只有掌握层的概念并熟练应用不同性质的层，才有可能真正成为使用 Animate 的高手。本章将详细介绍层的应用技巧和如何使用不同性质的层来制作高级动画。通过对本章的学习，读者可以了解并掌握层的强大功能，并能充分利用层为自己的动画设计作品增光添彩。

课堂学习目标

- 掌握层的基本操作
- 掌握引导层和运动引导层动画的制作方法
- 掌握遮罩层的使用方法和应用技巧
- 熟悉运用分散到图层功能编辑对象

8.1 层、引导层与运动引导层动画

图层类似于叠在一起的透明纸，下面图层中的内容可以通过上面图层中不包含内容的区域透过来。除普通图层外，还有一种特殊类型的图层——引导层。在引导层中可以像在其他图层中一样绘制各种图形和引入元件等，但最终发布时引导层中的对象不会显示出来。

8.1.1 课堂案例——制作服装饰品类公众号封面首图动画

＋ 案例学习目标

使用运动引导层制作花瓣飘落动画效果。

＋ 案例知识要点

使用"添加传统运动引导层"命令添加引导层，使用"铅笔"工具绘制曲线，使用"创建传统补间"命令制作花瓣飘落动画效果。服装饰品类公众号封面首图动画效果如图 8-1 所示。

＋ 效果所在位置

资源包 ＞ Ch08 ＞ 效果 ＞ 制作服装饰品类公众号封面首图动画.fla。

图 8-1

制作服装饰品类
公众号封面首图
动画

1. 导入素材制作图形元件

STEP 1 在欢迎页的"详细信息"选项组中将"宽"选项设为 900，"高"选项设为 383，在"平台类型"下拉列表框中选择"ActionScript 3.0"选项，单击"创建"按钮，完成文档的创建。

STEP 2 选择"文件 ＞ 导入 ＞ 导入到库"命令，在弹出的"导入到库"对话框中，选择资源包中的"Ch08 ＞ 素材 ＞ 制作服装饰品类促销动画 ＞ 01 ~ 06"文件，单击"打开"按钮，将文件导入"库"面板中，如图 8-2 所示。

STEP 3 按 Ctrl+F8 组合键，弹出"创建新元件"对话框。在"名称"文本框中输入"花瓣 1"，在"类型"下拉列表框中选择"图形"选项，单击"确定"按钮，新建图形元件"花瓣 1"，如图 8-3 所示。舞台窗口也随之转换为图形元件的舞台窗口。将"库"面板中的位图"02"拖曳到舞台窗口中，并放置在适当的位置，如图 8-4 所示。

STEP 4 用相同的方法将"库"面板中的位图"03""04""05""06"分别制作成图形元件"花瓣 2""花瓣 3""花瓣 4""花瓣 5"，如图 8-5 所示。

图 8-2

图 8-3

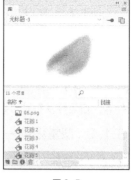

图 8-4

图 8-5

2. 制作影片剪辑元件

STEP 1 按 Ctrl+F8 组合键，弹出"创建新元件"对话框。在"名称"文本框中输入"花瓣动 1"，在"类型"下拉列表框中选择"影片剪辑"选项，如图 8-6 所示。单击"确定"按钮，新建影片剪辑元件"花瓣动 1"，舞台窗口也随之转换为影片剪辑元件的舞台窗口。

STEP 2 在"图层_1"上单击鼠标右键，在弹出的快捷菜单中选择"添加传统运动引导层"命令，为"图层_1"添加运动引导层，如图 8-7 所示。

图 8-6

图 8-7

STEP 3 选择"铅笔"工具 ，在工具箱中将"笔触颜色"设为红色（#FF0000）。单击工具箱下方的"铅笔模式"按钮，在弹出的列表中选择"平滑"选项 ，选中引导层的第 1 帧，在舞台窗口中绘制一条曲线，如图 8-8 所示。选中引导层的第 40 帧，按 F5 键插入普通帧，如图 8-9 所示。

图 8-8

图 8-9

STEP 4 选中"图层_1"的第 1 帧，将"库"面板中的图形元件"花瓣 1"拖曳到舞台窗口中，并将其放置在曲线上方的端点上，效果如图 8-10 所示。

STEP 5 选中"图层_1"的第 40 帧，按 F6 键插入关键帧，如图 8-11 所示。选择"选择"工具 ，在舞台窗口中将"花瓣 1"实例拖曳到曲线下方的端点上，效果如图 8-12 所示。

图 8-10

图 8-11

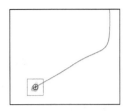

图 8-12

STEP 6 用鼠标右键单击"图层_1"的第 1 帧，在弹出的快捷菜单中选择"创建传统补间"命令，在第 1 帧和第 40 帧之间生成传统补间动画，如图 8-13 所示。

STEP 7 用上述的方法将图形元件"花瓣 2""花瓣 3""花瓣 4""花瓣 5"分别制作成影片剪辑元件"花瓣动 2""花瓣动 3""花瓣动 4""花瓣动 5"，如图 8-14 所示。

STEP 8 按 Ctrl+F8 组合键，弹出"创建新元件"对话框。在"名称"文本框中输入"一起动"，在"类型"下拉列表框中选择"影片剪辑"选项，单击"确定"按钮，新建影片剪辑元件"一起动"，如图 8-15 所示，舞台窗口也随之转换为影片剪辑元件的舞台窗口。

图 8-13

图 8-14

图 8-15

STEP 9 将"库"面板中的影片剪辑元件"花瓣动 1"拖曳到舞台窗口中，如图 8-16 所示。选中"图层_1"的第 50 帧，按 F5 键插入普通帧。

STEP 10 单击"时间轴"面板中的"新建图层"按钮，新建"图层_2"图层。选中"图层_2"的第 5 帧，按 F6 键插入关键帧。将"库"面板中的影片剪辑元件"花瓣动 2"向舞台窗口中拖曳两次，如图 8-17 所示。

图 8-16

图 8-17

STEP 11 单击"时间轴"面板中的"新建图层"按钮，新建"图层_3"图层。选中"图层_3"的第 10 帧，按 F6 键插入关键帧。将"库"面板中的影片剪辑元件"花瓣动 3"拖曳到舞台窗口中，如图 8-18 所示。

STEP 12 单击"时间轴"面板中的"新建图层"按钮，新建"图层_4"图层。选中"图层_4"的第 15 帧，按 F6 键插入关键帧。将"库"面板中的影片剪辑元件"花瓣动 4"向舞台窗口中拖曳两次，如图 8-19 所示。

图 8-18   图 8-19

STEP 13 单击"时间轴"面板中的"新建图层"按钮 ，新建"图层_5"图层。选中"图层_5"的第 20 帧，按 F6 键插入关键帧。将"库"面板中的影片剪辑元件"花瓣动 5"拖曳到舞台窗口中，如图 8-20 所示。

STEP 14 单击舞台窗口左上方的"场景 1"按钮 场景 1，进入"场景 1"的舞台窗口。将"图层_1"重命名为"底图"。将"库"面板中的位图"01"拖曳到舞台窗口中，如图 8-21 所示。

图 8-20   图 8-21

STEP 15 在"时间轴"面板中创建新图层，并将其命名为"花瓣"。将"库"面板中的影片剪辑元件"一起动"拖曳到舞台窗口中，并放置在适当的位置，如图 8-22 所示。服装饰品类公众号封面首图动画制作完成，按 Ctrl+Enter 组合键即可查看效果，如图 8-23 所示。

图 8-22   图 8-23

8.1.2　层的设置

1.　层的弹出式菜单

用鼠标右键单击"时间轴"面板中的图层名称，弹出菜单，如图 8-24 所示。

"显示全部"命令：用于显示所有的隐藏图层和图层文件夹。

"锁定其他图层"命令：用于锁定除当前图层以外的所有图层。

"隐藏其他图层"命令：用于隐藏除当前图层以外的所有图层。

"显示其他透明图层"命令：用于显示除当前图层以外的其他透明图层。

"插入图层"命令：用于在当前图层上创建一个新的图层。

"删除图层"命令：用于删除当前图层。

"剪切图层"命令：用于将当前图层剪切到剪贴板中。

"拷贝图层"命令：用于复制当前图层。

"粘贴图层"命令：用于粘贴所复制的图层。

"复制图层"命令：用于复制当前图层并生成一个复制图层。

"合并图层"命令：用于将选中的两个或两个以上的图层合并为一个图层。

"引导层"命令：用于将当前图层转换为普通引导层。

"添加传统运动引导层"命令：用于将当前图层转换为运动引导层。

"遮罩层"命令：用于将当前图层转换为遮罩层。

"显示遮罩"命令：用于在舞台窗口中显示遮罩效果。

"插入文件夹"命令：用于在当前图层上创建一个新的层文件夹。

"删除文件夹"命令：用于删除当前层文件夹。

"展开文件夹"命令：用于展开当前层文件夹，显示出其包含的图层。

"折叠文件夹"命令：用于折叠当前层文件夹。

"展开所有文件夹"命令：用于展开"时间轴"面板中所有的层文件夹，显示出所包含的图层。

"折叠所有文件夹"命令：用于折叠"时间轴"面板中所有的层文件夹。

"属性"命令：用于设置图层的属性。

图 8-24

2. 创建图层

为了分门别类地组织动画内容，需要创建普通图层。选择"插入 > 时间轴 > 图层"命令，创建一个新的图层，或在"时间轴"面板中单击"新建图层"按钮 ，创建一个新的图层。

 提示

系统在默认状态下，新创建的图层按"图层_1""图层_2"……的顺序命名，也可以根据需要自行设定图层的名称。

3. 选中图层

选中图层就是将图层变为当前图层，用户可以在当前图层上放置对象、添加文本和图形以及进行编辑操作。要使图层成为当前图层的方法很简单，在"时间轴"面板中单击该图层即可。当前图层会在"时间轴"面板中以浅蓝色显示，如图 8-25 所示。

按住 Ctrl 键的同时单击要选中的图层，可以选中多个不相邻的图层，如图 8-26 所示。按住 Shift 键的同时单击两个图层，在这两个图层中间的其他图层也会被同时选中，如图 8-27 所示。

图 8-25

图 8-26

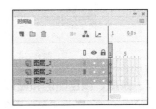

图 8-27

4. 排列图层

可以根据需要，在"时间轴"面板中为图层重新排序。

在"时间轴"面板中选中"图层_4"，如图 8-28 所示。按住鼠标左键不放，将"图层_4"向下拖曳，这时会出现一条前方带圆环的粗线，如图 8-29 所示。将粗线拖曳到"图层_3"的下方，松开鼠标，可以将"图层_4"移动到"图层_3"的下方，如图 8-30 所示。

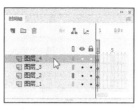
图 8-28

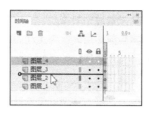
图 8-29

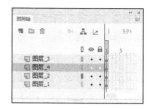
图 8-30

5. 复制、粘贴图层

可以根据需要，将图层中的所有对象复制并粘贴到其他图层或场景中。

在"时间轴"面板中单击要复制的图层，如图 8-31 所示，选择"编辑 > 时间轴 > 复制帧"命令，或按 Ctrl+Alt+C 组合键复制图层。在"时间轴"面板中单击"新建图层"按钮 🔲，创建一个新的图层，选中新的图层，如图 8-32 所示，选择"编辑 > 时间轴 > 粘贴帧"命令，或按 Ctrl+Alt+V 组合键，在新建的图层中粘贴复制的内容，如图 8-33 所示。

图 8-31

图 8-32

图 8-33

6. 删除图层

如果不再需要某个图层，可以将其删除。删除图层有以下两种方法：在"时间轴"面板中选中要删除的图层，单击该面板中的"删除"按钮 🗑，如图 8-34 所示，松开鼠标即可删除选中的图层；还可在"时间轴"面板中选中要删除的图层，按住鼠标左键不放，将其向上拖曳，这时会出现一条前方带圆环的粗线，将其拖曳到"删除"按钮 🗑 上，如图 8-35 所示，松开鼠标即可删除选中的图层。

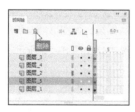
图 8-34

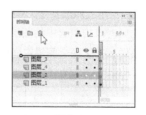
图 8-35

7. 隐藏、锁定图层和图层的线框显示模式

（1）隐藏图层：动画经常是多个图层叠加在一起的效果，为了便于观察某个图层中对象的效果，可以把其他的图层先隐藏起来。

在"时间轴"面板中单击"显示或隐藏所有图层"按钮 👁 下方的小黑圆点，即可隐藏小黑圆点所在的图层，该图层上显示一个叉号 ✕，如图 8-36 所示，此时图层不能被编辑。

在"时间轴"面板中单击"显示或隐藏所有图层"按钮 👁，面板中的所有图层将同时被隐藏，如图 8-37所示。再次单击此按钮，即可解除隐藏。

图 8-36

图 8-37

（2）锁定图层：如果某个图层上的内容已符合要求，则可以锁定该图层，以避免内容被意外地更改。

在"时间轴"面板中单击"锁定或解除锁定所有图层"按钮🔒下方的小黑圆点，即可锁定小黑圆点所在的图层，该图层上显示一个锁状 🔒 图标，如图 8-38 所示，此时图层不能被编辑。

在"时间轴"面板中单击"锁定或解除锁定所有图层"按钮🔒，面板中的所有图层将同时被锁定，如图 8-39 所示。再次单击此按钮，即可解除锁定。

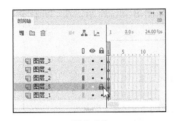

图 8-38

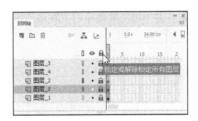

图 8-39

（3）图层的线框显示模式：为了便于观察图层中的对象，可以将对象以线框的模式进行显示。

在"时间轴"面板中单击"将所有图层显示为轮廓"按钮🔲下方的实色矩形，这时实色矩形所在图层中的对象就以线框模式显示，该图层上的实色矩形变为线框 🔲，如图 8-40 所示，此时并不影响编辑图层。

在"时间轴"面板中单击"将所有图层显示为轮廓"按钮🔲，面板中的所有图层将同时以线框模式显示，如图 8-41 所示。再次单击此按钮，即可返回普通模式。

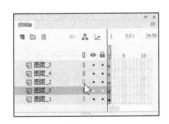

图 8-40

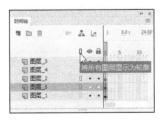

图 8-41

8. 重命名图层

根据需要可以更改图层的名称，重命名图层有以下两种方法。

（1）双击"时间轴"面板中的图层名称，名称变为可编辑状态，如图 8-42 所示。输入要更改的图层名称，如图 8-43 所示。在图层旁边单击，完成图层名称的修改，如图 8-44 所示。

（2）选中要修改名称的图层，选择"修改 > 时间轴 > 图层属性"命令，在弹出的"图层属性"对话框中修改图层的名称。

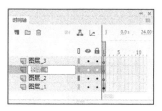
图 8-42

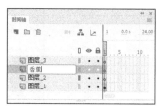
图 8-43

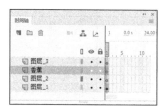
图 8-44

8.1.3 图层文件夹

在"时间轴"面板中可以创建图层文件夹来组织和管理图层,这样"时间轴"面板中图层的层次结构将非常清晰。

1. 创建图层文件夹

选择"插入 > 时间轴 > 图层文件夹"命令,可以在"时间轴"面板中创建图层文件夹,如图 8-45 所示。还可单击"时间轴"面板中的"新建文件夹"按钮 ,如图 8-46 所示,在"时间轴"面板中创建图层文件夹。

图 8-45

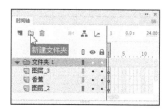
图 8-46

2. 删除图层文件夹

在"时间轴"面板中选中要删除的图层文件夹,单击面板中的"删除"按钮 ,如图 8-47 所示,即可删除图层文件夹。还可以在"时间轴"面板中选中要删除的图层文件夹,按住鼠标左键不放,将其向上拖曳,这时会出现一条前方带圆环的粗线,将其拖曳到"删除"按钮 上,如图 8-48 所示,松开鼠标即可删除图层文件夹。

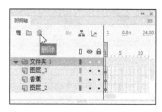
图 8-47

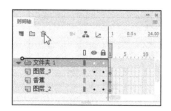
图 8-48

8.1.4 普通引导层

普通引导层主要用于为其他图层提供辅助绘图和绘图定位,引导层中的图形在播放影片时是不会显示的。

1. 创建普通引导层

用鼠标右键单击"时间轴"面板中的某个图层,在弹出的快捷菜单中选择"引导层"命令,如图 8-49 所示,将该图层转换为普通引导层。此时,图层左侧的图标变为 ,如图 8-50 所示。

图 8-49

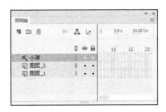

图 8-50

还可以在"时间轴"面板中选中要转换的图层,选择"修改 > 时间轴 > 图层属性"命令,弹出"图层属性"对话框,在"类型"选项组中选择"引导层"单选项,如图 8-51 所示。单击"确定"按钮,将选中的图层转换为普通引导层,此时,图层左侧的图标变为 ,如图 8-52 所示。

图 8-51

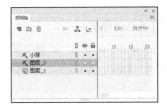

图 8-52

2. 将普通引导层转换为普通图层

如果要在播放影片时显示引导层上的对象,可以将引导层转换为普通图层。

用鼠标右键单击"时间轴"面板中的引导层,在弹出的快捷菜单中取消选择"引导层"命令,如图 8-53 所示,将引导层转换为普通图层。此时,图层左侧的图标变为 ,如图 8-54 所示。

图 8-53

图 8-54

还可以在"时间轴"面板中选中引导层,选择"修改 > 时间轴 > 图层属性"命令,弹出"图层属性"

对话框，在"类型"选项组中选择"一般"单选项，如图 8-55 所示，单击"确定"按钮，将选中的引导层转换为普通图层。此时，图层左侧的图标变为 ▢，如图 8-56 所示。

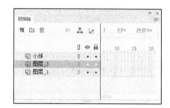

图 8-55   图 8-56

8.1.5 运动引导层

运动引导层的作用是设置对象运动路径的导向，使与之相连接的被引导层中的对象沿着路径运动，运动引导层上的路径在播放动画时不显示。在运动引导层上可以创建多个运动轨迹，以引导被引导层上的多个对象沿不同的路径运动。要创建按照任意轨迹运动的动画就需要添加运动引导层，但创建运动引导层动画时必须用传统补间动画，形状补间动画不可用。

1. 创建运动引导层

用鼠标右键单击"时间轴"面板中要添加运动引导层的图层，在弹出的快捷菜单中选择"添加传统运动引导层"命令，如图 8-57 所示，为图层添加运动引导层。此时，运动引导层前面出现 ▨ 图标，如图 8-58 所示。

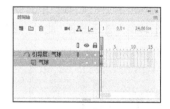

图 8-57   图 8-58

提示

一个运动引导层可以引导多个图层上的对象按运动路径运动。如果要将多个图层变成某一个运动引导层的被引导层，在"时间轴"面板上将要变成被引导层的图层拖曳至运动引导层下方即可。

2. 将运动引导层转换为普通图层

将运动引导层转换为普通图层的方法与将普通引导层转换为普通图层的方法一样，这里不再赘述。

3. 应用运动引导层制作动画

打开资源包中的"基础素材 > Ch08 > 01"文件，如图 8-59 所示。选中"底图"图层的第 50 帧，按 F5 键插入普通帧。在"时间轴"面板中创建新图层，并将其命名为"热气球"，如图 8-60 所示。

图 8-59

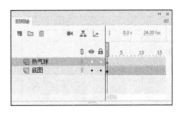

图 8-60

在"时间轴"面板中用鼠标右键单击"热气球"图层，在弹出的快捷菜单中选择"添加传统运动引导层"命令，为"热气球"图层添加运动引导层，如图 8-61 所示。选择"钢笔"工具 ，在运动引导层的舞台窗口中绘制一条曲线，如图 8-62 所示。

图 8-61

图 8-62

在"时间轴"面板中选中"热气球"图层的第 1 帧，将"库"面板中的图形元件"02"拖曳到舞台窗口中，并放置在曲线的下方端点上，如图 8-63 所示。

选中"热气球"图层中的第 50 帧，按 F6 键插入关键帧，如图 8-64 所示。在舞台窗口中将热气球图形拖曳到曲线的上方端点上，如图 8-65 所示。

图 8-63

图 8-64

图 8-65

用鼠标右键单击"热气球"图层的第 1 帧，在弹出的快捷菜单中选择"创建传统补间"命令，在"热气球"图层中的第 1 帧和第 50 帧之间生成传统补间动画，如图 8-66 所示。

选中"热气球"图层的第 1 帧，在帧"属性"面板中勾选"补间"选项组中的"调整到路径"复选框，如图 8-67 所示，运动引导层动画制作完成。

图 8-66

图 8-67

在不同的帧中，动画显示的效果如图 8-68 所示。按 Ctrl+Enter 组合键，测试动画效果，注意此时不会显示动画中的弧线。

（a）第 1 帧

（b）第 10 帧

（c）第 20 帧

（d）第 30 帧

（e）第 40 帧

（f）第 50 帧

图 8-68

8.2 遮罩层与遮罩的动画制作

遮罩层就像一块不透明的板，如果要看到它下面的图像，只能在板上挖"洞"。遮罩层中有对象的地方就可看作"洞"，通过这个"洞"，可以将被遮罩的图层中的对象显示出来。

8.2.1 课堂案例——制作电饭煲主图动画

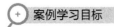

案例学习目标

使用"遮罩层"命令制作遮罩动画。

使用"椭圆"工具绘制椭圆,使用"创建补间形状"命令和"创建传统补间"命令制作动画效果,使用"遮罩层"命令制作遮罩动画效果。电饭煲主图动画效果如图 8-69 所示。

资源包 > Ch08 > 效果 > 制作电饭煲主图动画.fla。

图 8-69

制作电饭煲主图
动画

1. 导入素材制作图形元件

STEP 1 选择"文件 > 新建"命令,弹出"新建文档"对话框,将"宽"选项设为 800,"高"选项设为 800,在"平台类型"下拉列表框中选择"ActionScript 3.0"选项,单击"确定"按钮,完成文档的创建。按 Ctrl+J 组合键,弹出"文档设置"对话框,将"舞台颜色"设为黄色(#FFCC00),单击"确定"按钮,完成舞台颜色的修改。

STEP 2 选择"文件 > 导入 > 导入到库"命令,在弹出的"导入到库"对话框中选择资源包中的"Ch08 > 素材 > 制作电饭煲主图动画 > 01 ~ 04"文件,单击"打开"按钮,将文件导入"库"面板中,如图 8-70 所示。

STEP 3 按 Ctrl+F8 组合键,弹出"创建新元件"对话框。在"名称"文本框中输入"电饭煲",在"类型"下拉列表框中选择"图形"选项,单击"确定"按钮,新建图形元件"电饭煲",如图 8-71 所示,舞台窗口也随之转换为图形元件的舞台窗口。将"库"面板中的位图"02"拖曳到舞台窗口中,并放置在适当的位置,如图 8-72 所示。

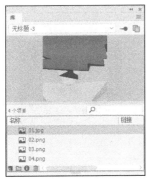

图 8-70

图 8-71

图 8-72

STEP 4 新建图形元件"装饰 1",如图 8-73 所示,舞台窗口也随之转换为图形元件"装饰 1"的舞台窗口。将"库"面板中的位图"03"拖曳到舞台窗口中,并放置在适当的位置,如图 8-74 所示。

图 8-73

图 8-74

2. 制作场景动画

STEP 1 单击舞台窗口左上方的"场景 1"按钮 场景 1，进入"场景 1"的舞台窗口。将"图层_1"重命名为"底图"，如图 8-75 所示。将"库"面板中的位图"01"拖曳到舞台窗口中，如图 8-76 所示。选中"底图"图层的第 90 帧，按 F5 键插入普通帧。

图 8-75

图 8-76

STEP 2 在"时间轴"面板中创建新图层，并将其命名为"电饭煲"。将"库"面板中的图形元件"电饭煲"拖曳到舞台窗口中，并放置在适当的位置，如图 8-77 所示。

STEP 3 选中"电饭煲"图层的第 10 帧，按 F6 键插入关键帧。选中"电饭煲"图层的第 1 帧，在舞台窗口中选中"电饭煲"实例，在图形"属性"面板中选择"色彩效果"选项组"样式"下拉列表框中的"Alpha"选项，将其值设为 0，如图 8-78 所示，舞台窗口中的效果如图 8-79 所示。

图 8-77

图 8-78

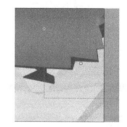

图 8-79

STEP 4 用鼠标右键单击"电饭煲"图层的第 1 帧，在弹出的快捷菜单中选择"创建传统补间"命令，生成传统补间动画。

STEP 5 在"时间轴"面板中创建新图层，并将其命名为"遮罩 1"。选择"椭圆"工具 ○，在工具箱中将"笔触颜色"设为无，"填充颜色"设为白色。单击工具箱下方的"对象绘制"按钮 ○，按住

Shift 键的同时在舞台窗口中绘制一个圆形，如图 8-80 所示。

STEP 6 选中"遮罩 1"图层的第 20 帧，按 F6 键插入关键帧。选中"遮罩 1"图层的第 1 帧，按 Ctrl+T 组合键，弹出"变形"面板，将"缩放宽度"选项和"缩放高度"选项均设为 1%，如图 8-81 所示，效果如图 8-82 所示。

　　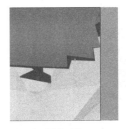

图 8-80　　　　　　　　　　　图 8-81　　　　　　　　　　　图 8-82

STEP 7 用鼠标右键单击"遮罩 1"图层的第 1 帧，在弹出的快捷菜单中选择"创建补间形状"命令，生成形状补间动画，如图 8-83 所示。在"遮罩 1"图层上单击鼠标右键，在弹出的快捷菜单中选择"遮罩层"命令，将"遮罩 1"图层设为遮罩层，"电饭煲"图层设为被遮罩层，如图 8-84 所示。

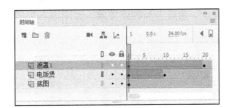　　　　　　　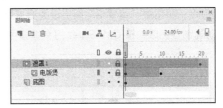

图 8-83　　　　　　　　　　　　　　　　　图 8-84

STEP 8 在"时间轴"面板中创建新图层，并将其命名为"装饰 1"。选中"装饰 1"图层的第 20 帧，按 F6 键插入关键帧。将"库"面板中的图形元件"装饰 1"拖曳到舞台窗口中，并放置在适当的位置，如图 8-85 所示。

STEP 9 选中"装饰 1"图层的第 30 帧，按 F6 键插入关键帧。选中"装饰 1"图层的第 20 帧，在舞台窗口中选中"装饰 1"实例，在图形"属性"面板中选择"色彩效果"选项组"样式"下拉列表框中的"Alpha"选项，将其值设为 0，舞台窗口中的效果如图 8-86 所示。

STEP 10 用鼠标右键单击"装饰 1"图层的第 20 帧，在弹出的快捷菜单中选择"创建传统补间"命令，生成传统补间动画，如图 8-87 所示。

　　　　　　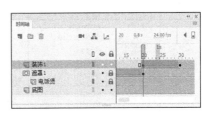

图 8-85　　　　　　　　　图 8-86　　　　　　　　　　　图 8-87

STEP 11 在"时间轴"面板中创建新图层，并将其命名为"装饰 2"。选中"装饰 2"图层的第 30 帧，按 F6 键插入关键帧。将"库"面板中的位图"04"拖曳到舞台窗口中，并放置在适当的位置，如图 8-88 所示。

STEP 12 在"时间轴"面板中创建新图层，并将其命名为"遮罩 2"。选中"遮罩 2"图层的第 30 帧，按 F6 键插入关键帧。选择"矩形"工具 ，在工具箱中将"笔触颜色"设为无，"填充颜色"设为白色，在舞台窗口中绘制一个矩形，如图 8-89 所示。

STEP 13 选中"遮罩 2"图层的第 40 帧，按 F6 键插入关键帧。选中"遮罩 2"图层的第 30 帧，按 Ctrl+T 组合键，弹出"变形"面板，将"缩放宽度"选项设为 100%，"缩放高度"选项设为 1%，效果如图 8-90 所示。

图 8-88

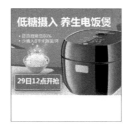

图 8-89

图 8-90

STEP 14 用鼠标右键单击"遮罩 2"图层的第 30 帧，在弹出的快捷菜单中选择"创建补间形状"命令，生成形状补间动画，如图 8-91 所示。在"遮罩 2"图层上单击鼠标右键，在弹出的快捷菜单中选择"遮罩层"命令，将图层"遮罩 2"图层设为遮罩层，"装饰 2"图层设为被遮罩层，如图 8-92 所示。电饭煲主图动画制作完成，按 Ctrl+Enter 组合键即可查看效果。

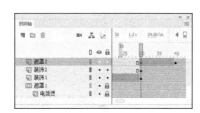

图 8-91

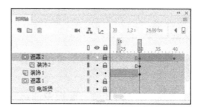

图 8-92

8.2.2 遮罩层

1. 创建遮罩层

要创建遮罩动画，首先要创建遮罩层。在"时间轴"面板中用鼠标右键单击要转换为遮罩层的图层，在弹出的快捷菜单中选择"遮罩层"命令，如图 8-93 所示，即可将选中的图层转换为遮罩层，其下方的图层自动转换为被遮罩层，并且它们都自动被锁定，如图 8-94 所示。

图 8-93

图 8-94

如果想解除遮罩，只需单击"时间轴"面板上遮罩层或被遮罩层上的图标将其解锁。遮罩层中的对象可以是图形、文字、元件的实例等，但不显示位图、渐变色、透明色和线条。一个遮罩层可以作为多个图层的遮罩层，如果要将一个普通图层变为某个遮罩层的被遮罩层，将此图层拖曳至该遮罩层的下方即可。

2. 将遮罩层转换为普通图层

在"时间轴"面板中用鼠标右键单击要转换的遮罩层，在弹出的快捷菜单中取消选择"遮罩层"命令，如图 8-95 所示，将遮罩层转换为普通图层，如图 8-96 所示。

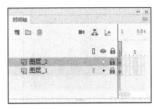

图 8-95　　　　　　　　　　　　　　　　图 8-96

8.2.3　静态遮罩动画

选择"文件 > 打开"命令，在弹出的"打开"对话框中选择资源包中的"基础素材 > Ch08 > 02"文件，单击"打开"按钮打开文件，如图 8-97 所示。在"时间轴"面板中单击"新建图层"按钮，创建新的图层"图层_3"，如图 8-98 所示。将"库"面板中的图形元件"02"拖曳到舞台窗口中的适当位置，如图 8-99 所示。

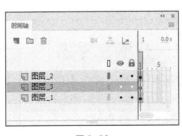

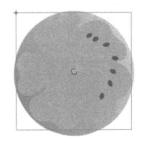

图 8-97　　　　　　　　图 8-98　　　　　　　　图 8-99

在"时间轴"面板中用鼠标右键单击"图层_3"，在弹出的快捷菜单中选择"遮罩层"命令，如图 8-100 所示，将"图层_3"转换为遮罩层，"图层_1"转换为被遮罩层，两个图层被自动锁定，如图 8-101 所示。舞台窗口中图形的遮罩效果如图 8-102 所示。

图 8-100

图 8-101

图 8-102

8.2.4 动态遮罩动画

打开资源包中的"基础素材 > Ch08 > 03"文件，如图 8-103 所示。在"时间轴"面板中单击"新建图层"按钮 🔲，创建新的图层并将其命名为"剪影"，如图 8-104 所示。

图 8-103

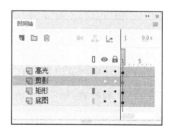
图 8-104

将"库"面板中的图形元件"剪影"拖曳到舞台窗口中的适当位置，如图 8-105 所示。选中"剪影"图层的第 10 帧，按 F6 键插入关键帧。在舞台窗口中将"剪影"实例水平向左拖曳到适当的位置，如图 8-106 所示。

用鼠标右键单击"剪影"图层的第 1 帧，在弹出的快捷菜单中选择"创建传统补间"命令，生成传统补间动画，如图 8-107 所示。

图 8-105

图 8-106

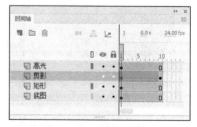
图 8-107

用鼠标右键单击"剪影"图层的名称，在弹出的快捷菜单中选择"遮罩层"命令，如图 8-108 所示，将"剪影"图层转换为遮罩层，"矩形"图层转换为被遮罩层，如图 8-109 所示。动态遮罩动画制作完成，按 Ctrl+Enter 组合键即可测试动画效果。

图 8-108

图 8-109

在不同的帧中，动画显示的效果如图 8-110 所示。

（a）第 1 帧　　　　（b）第 3 帧　　　　（c）第 5 帧　　　　（d）第 7 帧　　　　（e）第 10 帧

图 8-110

8.3　分散到图层

使用"分散到图层"命令可以将同一图层上的多个对象分散到多个图层当中。

新建空白文档，选择"文本"工具 T ，在"图层_1"的舞台窗口中输入英文"Animate"，如图 8-111 所示。选中文字，按 Ctrl+B 组合键将文字打散，如图 8-112 所示。选择"修改 > 时间轴 > 分散到图层"命令，将"图层_1"中的文字分散到不同的图层中，并按文字设定图层名，如图 8-113 所示。

图 8-111

图 8-112

图 8-113

 提 示

文字分散到不同的图层中后，"图层_1"图层中应没有任何对象。

8.4 课堂练习——制作飞行小飞机

练习知识要点

使用"导入到库"命令和"新建元件"命令导入素材并制作图形元件，使用"钢笔"工具绘制路径制作引导线，使用"创建传统补间"命令制作小飞机运动效果，使用"引导层"命令制作小飞机沿路径运动效果，使用"任意变形"工具旋转图形。效果如图 8-114 所示。

效果所在位置

资源包 > Ch08 > 效果 > 制作飞行小飞机.fla。

图 8-114

制作飞行小飞机

8.5 课后习题——制作手表主图动画

习题知识要点

使用"矩形"工具绘制矩形块，使用"创建补间形状"命令制作形状动画效果，使用"遮罩层"命令制作遮罩动画效果。手表主图动画效果如图 8-115 所示。

效果所在位置

资源包 > Ch08 > 效果 > 制作手表主图动画.fla。

图 8-115

制作手表主图动画

第 9 章
声音素材的导入和编辑

在 Animate CC 2019 中可以导入外部的声音素材作为动画的背景音乐或音效。本章将主要讲解声音素材的多种格式，以及导入声音和编辑声音的方法。通过对本章的学习，读者可以了解并掌握如何导入声音、编辑声音，从而使制作的动画音效更加生动。

课堂学习目标

- 掌握导入和编辑声音素材的方法和技巧
- 掌握音频的基本知识
- 了解声音素材的几种常用格式

9.1 音频的基本知识及声音素材的格式

声音以波的形式在空气中传播，声音的频率单位是赫兹（Hz），一般人听到的声音频率范围为 20 ~ 20 000 Hz，低于 20 Hz 的声音为次声波，高于 20 000 Hz 的声音为超声波。下面介绍关于音频的基本知识。

9.1.1 音频的基本知识

1. 取样率

取样率是指在进行数字录音时，单位时间内对模拟的音频信号提取样本的次数。取样率越高，声音越好。Animate CC 2019 经常使用 44 kHz、22kHz 或 11kHz 的取样率对声音进行取样。例如，使用 22kHz 取样率取样的声音，每秒钟要对声音进行 22 000 次分析，并记录每两次分析之间的差值。

2. 位分辨率

位分辨率是指每个音频取样点的比特位数。例如，8 位声音取样的位分辨率表示为 2^8 或 256 级。可以将较高位分辨率的声音转换为较低位分辨率的声音。

3. 压缩率

压缩率是指文件压缩前后大小的比率，用于描述数字声音的压缩效率。

9.1.2 声音素材的格式

Animate CC 2019 提供了许多使用声音的方式。它可以使声音独立于时间轴连续播放，或使动画和一个音轨同步播放；可以为按钮添加声音，使按钮具有更强的互动性；还可以通过声音的淡入淡出产生更优美的声音效果。下面介绍如下几种可导入 Animate CC 2019 中常见的声音文件格式。

1. WAV 格式

WAV 格式可以直接保存对声音波形的取样数据，数据没有经过压缩，所以音质较好。但 WAV 格式的声音文件通常文件量比较大，会占用较多的磁盘空间。

2. MP3 格式

MP3 格式是一种压缩的声音文件格式。同 WAV 格式相比，MP3 格式的文件大小只占 WAV 格式的十分之一。MP3 格式体积小、传输方便、声音质量较好，已经被广泛应用到计算机音乐中。

3. AIFF 格式

AIFF 格式支持 MAC 平台，支持 16 位 44kHz 立体声。只有系统安装了 QuickTime 4 或更高版本，才可使用此声音文件格式。

4. AU 格式

AU 格式是一种压缩声音文件格式，只支持 8 位的声音，是互联网上常用的声音文件格式。

声音要占用大量的磁盘空间和内存。所以，一般为提高作品在网上的下载速度，常使用 MP3 声音文件格式，因为它的声音资料经过压缩，比 WAV 或 AIFF 格式的文件量小。在 Flash 中只能导入取样率为 11 kHz、22 kHz 或 44 kHz 的 8 位或 16 位的声音。通常，为了使作品在网上有令人较为满意的下载速度而使用 WAV 或 AIFF 文件时，最好使用 16 位 22 kHz 单声。

9.2　导入并编辑声音素材

导入声音素材后，可以将其直接应用到动画作品中，也可以通过声音编辑器对声音素材进行编辑，然后再进行应用。

9.2.1　课堂案例——添加图片按钮音效

案例学习目标

使用声音文件为动画添加音效。

案例知识要点

使用"导入"命令导入声音文件为多个按钮添加声音，使用"对齐"面板将按钮对齐。添加图片按钮音效效果如图 9-1 所示。

效果所在位置

资源包 > Ch09 > 效果 > 添加图片按钮音效.fla。

添加图片按钮音效

图 9-1

1.　导入素材并编辑元件

STEP　1 选择"文件 > 打开"命令，在弹出的"打开"对话框中选择资源包中的"Ch09 > 素材 > 添加图片按钮音效 > 01"文件，单击"打开"按钮，将其打开，如图 9-2 所示。

STEP　2 选择"文件 > 导入 > 导入到库"命令，在弹出的"导入到库"对话框中选择资源包中的"Ch09 > 素材 > 添加图片按钮音效 > 02"文件，单击"打开"按钮，将声音文件导入"库"面板中，如图 9-3 所示。

图 9-2

图 9-3

STEP　3 双击"库"面板中按钮元件"按钮 1"左侧的图标，舞台转换到"按钮 1"元件的舞台窗口，如图 9-4 所示。单击"时间轴"面板中的"新建图层"按钮，创建新图层并将其命名为"音乐"，如图 9-5 所示。

图 9-4

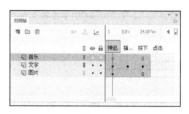

图 9-5

STEP 4 选中"音乐"图层的"指针经过"帧，按 F6 键插入关键帧。将"库"面板中的声音文件"02"拖曳到舞台窗口中，在"指针经过"帧中出现声音文件的波形，这表示当动画开始播放，鼠标指针经过按钮时，按钮将播放音效，"时间轴"面板如图 9-6 所示。选中"音乐"图层的"按下"帧，按 F7键插入空白关键帧，如图 9-7 所示。用相同的方法分别给按钮元件"按钮 2""按钮 3""按钮 4""按钮5"添加音效。

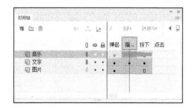

图 9-6

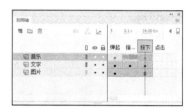

图 9-7

2. 制作动画效果

STEP 1 单击舞台窗口左上方的"场景 1"按钮 场景 1，进入"场景 1"的舞台窗口。单击"时间轴"面板中的"新建图层"按钮，创建新图层并将其命名为"按钮"。将"库"面板中的按钮元件"按钮 1"拖曳到舞台窗口中，如图 9-8 所示。用相同的方法分别将"库"面板中的按钮元件"按钮 2""按钮 3""按钮 4""按钮 5"依次拖曳到舞台窗口中，效果如图 9-9 所示。

图 9-8

图 9-9

STEP 2 在"时间轴"面板中单击"按钮"图层，将该层中的对象全部选中，如图 9-10 所示。按 Ctrl+K 组合键，弹出"对齐"面板，单击"顶对齐"按钮，将选中的按钮实例顶对齐，效果如图 9-11所示。单击"水平居中分布"按钮，将选中的按钮实例水平居中分布，效果如图 9-12 所示。

图 9-10

图 9-11

图 9-12

STEP 3 选择"选择"工具 ▶，按住 Shift 键的同时在舞台窗口中选中需要移动的按钮实例，如图 9-13 所示。按向下的方向键，将其向下移动到适当的位置，效果如图 9-14 所示。添加图片按钮音效制作完成，按 Ctrl+Enter 组合键即可查看效果。

图 9-13

图 9-14

9.2.2　添加声音

1．为动画添加声音

打开资源包中的"基础素材 > Ch09 > 01"文件，如图 9-15 所示。选择"文件 > 导入 > 导入到库"命令，在弹出的"导入到库"对话框中选择资源包中的"基础素材 > Ch09 > 02"文件，单击"打开"按钮，将声音文件导入"库"面板中，如图 9-16 所示。

单击"时间轴"面板中的"新建图层"按钮 ，创建新的图层并将其命名为"音乐"，作为放置声音文件的图层，如图 9-17 所示。

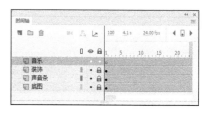

图 9-15　　　　　　　　　　图 9-16　　　　　　　　　　　　图 9-17

在"库"面板中选中声音文件，按住鼠标左键不放，将其拖曳到舞台窗口中，如图 9-18 所示。松开鼠标，在"音乐"图层中出现声音文件的波形，如图 9-19 所示。声音添加完成，按 Ctrl+Enter 组合键即可测试添加效果。

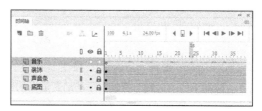

图 9-18　　　　　　　　　　　　　　　　图 9-19

 提 示

一般情况下，将每个声音文件放在一个独立的层上，每个层都作为一个独立的声音通道。当播放动画文件时，所有层上的声音将混合在一起。

2. 为按钮添加音效

选择"文件 > 打开"命令，在弹出的"打开"对话框中选择资源包中的"基础素材 > Ch09 > 03"文件，单击"打开"按钮，将文件打开。在"库"面板中双击按钮元件"滑动按钮"，进入按钮元件"滑动按钮"的舞台编辑窗口，如图 9-20 所示。创建新图层并将其命名为"音乐"，作为放置声音文件的图层，如图 9-21 所示。

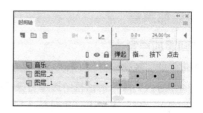

图 9-20　　　　　　　　　　　　　　图 9-21

选中"音乐"图层的"指针经过"帧,按 F6 键插入关键帧,如图 9-22 所示。将"库"面板中的声音文件"01.wav"拖曳到按钮元件的舞台编辑窗口中,如图 9-23 所示。松开鼠标,在"指针经过"帧中出现声音文件的波形,这表示动画开始播放后,当鼠标指针经过按钮时,按钮将播放音效,如图 9-24 所示。按钮音效添加完成,按 Ctrl+Enter 组合键即可测试添加效果。

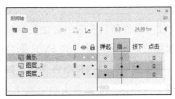

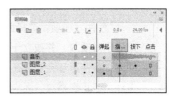

图 9-22   图 9-23   图 9-24

9.2.3 帧属性面板

在"时间轴"面板中选中声音文件所在图层的第 1 帧,按 Ctrl+F3 组合键,弹出帧"属性"面板,如图 9-25 所示。

"名称"选项:可以在此选项的下拉列表框中选择"库"面板中的声音文件。

"效果"选项:可以在此选项的下拉列表框中选择声音播放的效果,如图 9-26 所示,其中各选项的含义如下。

图 9-25   图 9-26

"无"选项:选择此选项,将不对声音文件应用效果。选择此选项后可以删除以前应用于声音的特效。

"左声道"选项:选择此选项,只在左声道播放声音。

"右声道"选项:选择此选项,只在右声道播放声音。

"向右淡出"选项:选择此选项,声音从左声道渐变到右声道。

"向左淡出"选项:选择此选项,声音从右声道渐变到左声道。

"淡入"选项:选择此选项,在声音的播放时间内逐渐增加其音量。

"淡出"选项:选择此选项,在声音的播放时间内逐渐减小其音量。

"自定义"选项:选择此选项,弹出"编辑封套"对话框,通过自定义声音的淡入和淡出点,创建自己的声音效果。

"同步"选项:此选项用于选择何时播放声音及声音的播放方式,如图 9-27 所示,其中各选项的含义如下。

图 9-27

"事件"选项：选择此选项，可将声音和发生的事件同步播放。事件声音在它的起始关键帧开始显示时播放，并独立于时间轴之外，即使影片文件停止也继续播放。当播放发布的 SWF 影片文件时，事件声音会混合在一起。一般情况下，当用户单击一个按钮播放声音时选择事件声音，如果事件声音正在播放，而声音再次被实例化（如用户再次单击按钮），则第一个声音实例继续播放，另一个声音实例同时开始播放。

"开始"选项：与"事件"选项的功能相近，但如果所选择的声音实例已经在时间轴的其他地方播放，则不会播放新的声音实例。

"停止"选项：选择此选项，可使指定的声音静音。在时间轴上同时播放多个声音时，可指定其中一个为静音。

"数据流"选项：选择此选项，可使声音同步，以便在互联网上播放。Flash 强制动画和音频流同步，即音频流随动画的播放而播放，随动画的结束而结束。当发布 SWF 文件时，音频流会混合在一起。一般给帧添加声音时使用此选项。音频流声音的播放长度不会超过它所占帧的长度。

提示

> *在 Animate CC 2019 中有两种类型的声音：事件声音和音频流。事件声音必须完全下载后才能开始播放，除非明确停止，否则它将一直连续播放。音频流在前几帧下载了足够的资料后就开始播放，音频流可以和时间轴同步，以便在互联网上播放。*

"重复"选项：用于指定声音循环的次数。可以在选项后的数值框中设置循环次数。

"循环"选项：用于循环播放声音。一般情况下不循环播放音频流，如果将音频流设为循环播放，帧就会添加到文件中，文件的大小就会根据声音循环播放的次数而倍增。

"编辑声音封套"按钮 ✐ ：单击此按钮，弹出"编辑封套"对话框，通过自定义声音的淡入和淡出点，创建自己的声音效果。

9.3 课堂练习——制作游戏界面

练习知识要点

使用"新建元件"命令制作图形元件和按钮元件，使用"属性"面板调整实例的颜色，使用"导入到库"命令导入素材文件。游戏界面效果如图 9-28 所示。

效果所在位置

资源包 ＞ Ch09 ＞ 效果 ＞ 制作游戏界面.fla。

图 9-28

制作游戏界面

9.4 课后习题——制作汽车广告

习题知识要点

使用"导入到库"命令和"新建元件"命令导入素材并制作图形元件，使用"创建传统补间"命令，制作文字和汽车动画，使用"属性"面板调整实例的不透明度，使用"导入到库"命令添加声音效果。汽车广告效果如图 9-29 所示。

效果所在位置

资源包 ＞ Ch09 ＞ 效果 ＞ 制作汽车广告.fla。

图 9-29

制作汽车广告

Chapter

10

第 10 章
动作脚本的应用

在 Animate CC 2019 中，想要实现一些复杂多变的动画效果就需要使用动作脚本，可以通过输入不同的动作脚本来实现高难度的动画制作。本章将主要讲解动作脚本的基本术语和使用方法。通过对本章的学习，读者可以了解并掌握如何应用不同的动作脚本来实现千变万化的动画效果。

课堂学习目标

- 了解数据类型
- 掌握语法规则
- 掌握变量和函数
- 掌握表达式和运算符

10.1　动作脚本的使用

和其他脚本语言相同，动作脚本语言有自己的语法规则，并且允许使用变量存储和获取信息。动作脚本包含内置的对象和函数，并且允许用户创建自己的对象和函数。动作脚本一般由语句、函数和变量组成，主要涉及数据类型、语法规则、变量、函数、表达式和运算符等。

10.1.1　课堂案例——制作系统时钟

案例学习目标

使用"任意变形"工具调整图片的中心点，使用"动作"面板为图形添加脚本。

案例知识要点

使用"文本"工具输入文字，使用"任意变形"工具改变图像的中心点，使用"动作"面板设置脚本。系统时钟效果如图 10-1 所示。

效果所在位置

资源包 > Ch10 > 效果 > 制作系统时钟.fla。

图 10-1

制作系统时钟

1. 导入素材并创建元件

STEP 1 选择"文件 > 新建"命令，弹出"新建文档"对话框，在"详细信息"选项组中将"宽"选项设为 515，"高"选项设为 515，在"平台类型"下拉列表框中选择"ActionScript 3.0"选项，单击"创建"按钮，完成文档的创建。

STEP 2 选择"文件 > 导入 > 导入到库"命令，在弹出的"导入到库"对话框中选择资源包中的"Ch10 > 素材 >制作系统时钟 > 01 ~ 06"文件，单击"打开"按钮，将文件导入"库"面板中，如图 10-2 所示。

STEP 3 按 Ctrl+F8 组合键，弹出"创建新元件"对话框。在"名称"文本框中输入"时针"，在"类型"下拉列表框中选择"影片剪辑"选项，单击"确定"按钮，新建影片剪辑元件"时针"，如图 10-3 所示，舞台窗口也随之转换为影片剪辑元件的舞台窗口。

STEP 4 将"库"面板中的图形元件"04"拖曳到舞台窗口中，选择"任意变形"工具 ，将时针的下端与舞台中心点对齐（在操作过程中一定要将其与中心点对齐，否则将无法实现需要的效果），效果如图 10-4 所示。

STEP 5 在"库"面板中新建一个影片剪辑元件"分针"，舞台窗口也随之转换为影片剪辑元件的舞台窗口。将"库"面板中的图形元件"05"拖曳到舞台窗口中，选择"任意变形"工具 ，将分针的下端与舞台中心点对齐（在操作过程中一定要将其与中心点对齐，否则将无法实现需要的效果），效果如图 10-5 所示。

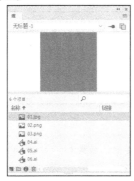

图 10-2   图 10-3   图 10-4

STEP 6 在"库"面板中新建一个影片剪辑元件"秒针"，如图 10-6 所示，舞台窗口也随之转换为影片剪辑元件的舞台窗口。将"库"面板中的图形元件"06"拖曳到舞台窗口中，选择"任意变形"工具，将秒针的下端与舞台中心点对齐（在操作过程中一定要将其与中心点对齐，否则将无法实现需要的效果），效果如图 10-7 所示。

图 10-5   图 10-6   图 10-7

2. 确定指针位置

STEP 1 单击舞台窗口左上方的"场景 1"按钮 场景 1，进入"场景 1"的舞台窗口。将"图层_1"重命名为"底图"。将"库"面板中的位图"01"拖曳到舞台窗口的中心位置，效果如图 10-8 所示。

STEP 2 将"库"面板中的位图"02"和"03"拖曳到舞台窗口中，并分别放置在适当的位置，如图 10-9 所示。选中"底图"图层的第 2 帧，按 F5 键插入普通帧。在"时间轴"面板中创建新图层并将其命名为"矩形"，如图 10-10 所示。

图 10-8   图 10-9   图 10-10

STEP 3 选择"矩形"工具 ▣，在工具箱中将"笔触颜色"设为无，"填充颜色"设为灰色（#3E3A39），在舞台窗口中绘制一个矩形，效果如图 10-11 所示。

STEP 4 在"时间轴"面板中创建新图层，并将其命名为"文字"。选择"文本"工具 T，在其"属性"面板中进行设置，在舞台窗口中适当的位置输入大小为 32、字体为"Franklin Gothic Medium"的白色英文，效果如图 10-12 所示。

图 10-11

图 10-12

STEP 5 在"时间轴"面板中创建新图层，并将其命名为"时针"。将"库"面板中的影片剪辑元件"时针"拖曳到舞台窗口中，并放置在适当的位置，如图 10-13 所示。在实例"属性"面板"实例名称"文本框中输入"sz_mc"，如图 10-14 所示。

图 10-13

图 10-14

STEP 6 在"时间轴"面板中创建新图层，并将其命名为"分针"。将"库"面板中的影片剪辑元件"分针"拖曳到舞台窗口中，并放置在适当的位置，如图 10-15 所示。在实例"属性"面板"实例名称"文本框中输入"fz_mc"，如图 10-16 所示。

STEP 7 在"时间轴"面板中创建新图层，并将其命名为"秒针"。将"库"面板中的影片剪辑元件"秒针"拖曳到舞台窗口中，并放置在适当的位置，如图 10-17 所示。在实例"属性"面板"实例名称"文本框中输入"mz_mc"，如图 10-18 所示。

图 10-15

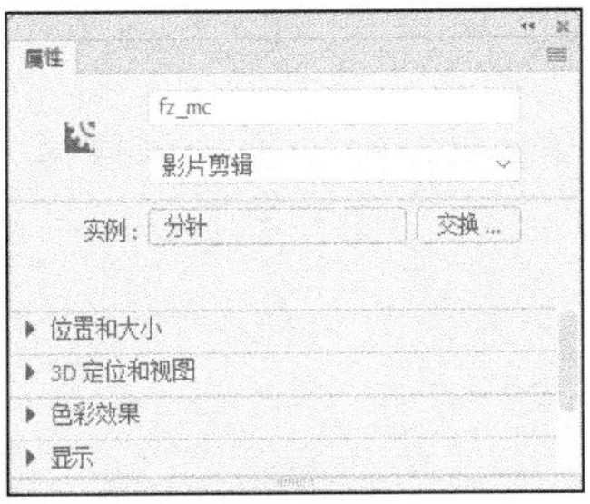

图 10-16

图 10-17

图 10-18

3. 绘制文本框

STEP 1 在"时间轴"面板中创建新图层，并将其命名为"文本框"。选择"文本"工具 T ，在其"属性"面板中进行设置，如图 10-19 所示。在舞台窗口中绘制一个段落文本框，如图 10-20 所示。

STEP 2 选择"选择"工具 ，选中文本框，在"文本"工具"属性"面板中的"实例名称"文本框中输入"y_txt"，如图 10-21 所示。

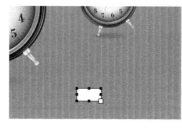

图 10-19   图 10-20   图 10-21

STEP 3 用相同的方法在适当的位置再绘制 3 个文本框，在"文本"工具"属性"面板中的"实例名称"文本框中分别输入"m_txt""d_txt""w_txt"，舞台窗口中的效果如图 10-22 所示。

STEP 4 在"时间轴"面板中创建新图层，并将其命名为"线条"。选择"线条"工具 ，在其"属性"面板中将"笔触颜色"设为白色，"笔触"选项设为 1，在舞台窗口中绘制两条斜线，效果如图 10-23 所示。

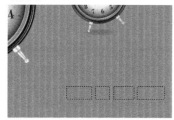

图 10-22   图 10-23

STEP 5 在"时间轴"面板中创建新图层，并将其命名为"动作脚本"。选中"动作脚本"图层的第 1 帧，按 F9 键，弹出"动作"面板，在"动作"面板中编写脚本，如图 10-24 所示。系统时钟制作完成，按 Ctrl+Enter 组合键即可查看效果。

图 10-24

10.1.2　"动作"面板的使用

选择"窗口 > 动作"命令，或按 F9 键，弹出"动作"面板，如图 10-25 所示。

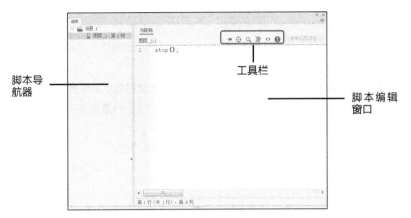

图 10-25

工具栏中有一些在创建代码时常用的工具，如图 10-26 所示。

脚本导航器：列出 Animate CC 2019 文档中的脚本，便于快速查看这些脚本。

"固定脚本"按钮 ：单击此按钮，可以将脚本窗口中的各个脚本固定为标

图 10-26

签，便于移动它们。如果没有将 FLA 文件中的代码组织到一个中央位置，则此

功能非常有用；如果使用多个脚本，此功能也非常有用，可以将脚本固定，以保留代码在"动作"面板中的打开位置，然后在打开的不同脚本中切换。

"插入实例路径和名称"按钮 ：单击此按钮，可以插入实例的路径或者实例的名称。

"查找"按钮 ：单击此按钮，可以查找或替换脚本语言。

"设置代码格式"按钮 ：单击此按钮，可以将代码按照一定的格式书写。

"代码片段"按钮 ：单击此按钮，弹出"代码片段"对话框，在该对话框中可以选择常用的动作脚本语言。

"帮助"按钮 ：单击此按钮，可以打开含帮助信息的网页。

"使用向导添加"按钮：单击此按钮，可以使用简单易用的向导添加动作，而无须编写代码。

脚本编辑窗口：该区域主要用来编辑 ActionScript 脚本，此外也可以创建导入应用程序的外部脚本文件。如果要在 FLA 文件中添加脚本，打开"动作"面板，在脚本编辑窗口中直接输入代码或单击"代码片段"按钮 ，在弹出的"代码片段"对话框中选择脚本语言即可。

10.2　数据类型

数据类型描述了动作脚本的变量或元素可以包含的信息种类。动作脚本有两种数据类型，即原始数据类型和引用数据类型。原始数据类型是指 String（字符串 ）、Number（数字）和 Boolean（布尔值 ），它们拥有固定类型的值，因此可以包含它们所代表元素的实际值。引用数据类型是指影片剪辑和对象，它们的值的类型是不固定的，因此它们包含对该元素实际值的引用。

下面介绍各种数据类型。

1. String（字符串型）

字符串是字母、数字和标点符号等字符的序列，必须用一对双引号标记。字符串被当作字符而不是变量进行处理。

例如，在下面的语句中，"L7" 是一个字符串。

```
favoriteBand = "L7";
```

2. Number（数字型）

数字型是指数字的算术值，要进行正确的数学运算，必须使用数字数据类型。可以使用算术运算符加（＋）、减（－）、乘（＊）、除（/）、求模（％）、递增（＋＋）和递减（－－）来处理数字，也可以使用内置的 Math 对象的方法处理数字。

例如，下面使用 sqrt( )（平方根）函数返回数字 100 的平方根。

```
Math.sqrt(100);
```

3. Boolean（布尔型）

值为 true 或 false 的变量被称为布尔型变量。动作脚本也会在需要时将 true 和 false 转换为 1 和 0。在需要确定"是/否"的情况下，布尔型变量是非常有用的。在用比较方式来控制脚本流的动作脚本语句中，布尔型变量经常与逻辑运算符一起使用。

例如，在下面的脚本中，如果变量 userName 和 password 为 true，则会播放该 SWF 文件。

```
onClipEvent (enterFrame) {
if (userName == true && password == true){
play( );
}
}
```

4. Movie Clip（影片剪辑型）

影片剪辑是 Flash 影片中可以播放动画的元件，它是唯一引用图形元素的数据类型。Flash 中的每个影片剪辑元件都是一个 Movie Clip 对象，拥有 Movie Clip 对象中定义的方法和属性。通过点（.）运算符可以调用影片剪辑元件内部的属性和方法。

例如以下调用。

```
my_mc.startDrag(true);
parent_mc.getURL("http://www.macromedia.com/support/" + product);
```

5. Object（对象型）

对象型指所有使用动作脚本创建的基于对象的代码。对象是属性的集合，每个属性都拥有自己的名称和值。属性的值可以是任何 Flash 数据类型，甚至可以是对象数据类型。通过点运算符可以引用对象中的属性。

例如，在下面的代码中，hoursWorked 是 weeklyStats 的属性，而后者是 employee 的属性。

```
employee.weeklyStats.hoursWorked
```

6. Null（空值）

空值数据类型只有一个值，即 null，意味着没有值，即缺少数据。null 可以用在各种情况中，如作为函数的返回值、表明函数没有可以返回的值、表明变量还没有接收到值、表明变量不再包含值等。

7. Undefined（未定义）

未定义的数据类型只有一个值，即 undefined，用于尚未分配值的变量。如果一个函数引用了未在其他地方定义的变量，那么 Flash 将返回未定义数据类型。

10.3　语法规则

动作脚本拥有自己的一套语法规则和标点符号。

1．点运算符

在动作脚本中，点运算符用于表示与对象或影片剪辑相关联的属性或方法，也可以用于标识影片剪辑或变量的目标路径。点运算符表达式以影片或对象的名称开始，中间为点运算符，最后是要指定的元素。

例如，_x 影片剪辑属性指示影片剪辑在舞台上的 x 轴位置，而表达式 ballMC._x 则引用了影片剪辑实例 ballMC 的 _x 属性。

又例如，submit 是 form 影片剪辑中设置的变量，此影片剪辑嵌在影片剪辑 shoppingCart 之中，表达式 shoppingCart.form.submit = true 表示将实例 form 的 submit 变量设置为 true。

无论是表达对象的函数还是表达影片剪辑的函数，均遵循同样的模式。例如，以下语句代表 ball_mc 影片剪辑实例的 play( ) 函数在 ball_mc 的时间轴中移动播放头。

```
ball_mc.play( );
```

点语法还使用两个特殊别名——_root 和 _parent。别名 _root 是指主时间轴，可以使用 _root 创建一个绝对目标路径。例如，下面的语句表示调用主时间轴上影片剪辑 functions 中的函数 buildGameBoard( )。

```
_root.functions.buildGameBoard( );
```

可以使用别名 _parent 引用当前对象嵌入的影片剪辑，也可以使用 _parent 创建相对目标路径。例如，如果将影片剪辑 dog_mc 嵌入影片剪辑 animal_mc 的内部，则实例 dog_mc 的如下语句会指示 animal_mc 停止。

```
_parent.stop( );
```

2．界定符

（1）大括号：动作脚本中的语句被大括号括起来组成语句块。例如以下语句。

```
// 事件处理函数
public Function myDate( ){
Var myDate:Date = new Date( );
currentMonth = myDate.getMMonth( );
}
```

（2）分号：动作脚本中的语句可以用一个分号结尾。如果在结尾处省略分号，Flash 仍然可以成功编译脚本。例如以下语句。

```
var column = passedDate.getDay( );
var row = 0;
```

（3）圆括号：在定义函数时，任何参数定义都必须放在一对圆括号内。例如以下语句。

```
function myFunction (name, age, reader){
}
```

调用函数时，需要被传递的参数也必须放在一对圆括号内。例如以下语句。

```
myFunction ("Steve", 10, true);
```

可以使用圆括号改变动作脚本的优先顺序或增强程序的易读性。

3．注释

在“动作”面板中，使用注释语句可以在一个帧或者按钮的脚本中添加说明，有利于增强程序的易读性。注释语句以双斜线（//）开始，斜线显示为灰色，注释内容可以不考虑长度和语法，注释语句不会影响 Flash 动画输出时的文件量。例如以下语句。

```
public Function myDate( ){
   // 创建新的 Date 对象
var myDate:Date = new Date( );
currentMonth = myDate.getMMonth( );
   // 将月份数字转换为月份名称
   monthName = calcMonth(currentMonth);
   year = myDate.getFullYear( );
   currentDate = myDate.getDate( );
}
```

10.4 变量

变量是包含信息的容器。容器本身不会改变，但其中的内容可以更改。第一次定义变量时，最好为变量定义一个已知值，这就是初始化变量，通常在 SWF 文件的第 1 帧中完成。每一个影片剪辑对象都有自己的变量，不同的影片剪辑对象中的变量相互独立且互不影响。

变量中可以存储的常见信息类型包括 URL、用户名、数字运算的结果和事件发生的次数等。

为变量命名必须遵循以下规则。

（1）变量名在其作用范围内必须是唯一的。

（2）变量名不能是关键字或布尔值（true 或 false）。

（3）变量名必须以字母或下画线开始，由字母、数字或下画线组成，其间不能有空格（变量名没有大小写的区别）。

变量的范围是指变量在其中已知并且可以引用的区域，它包含以下 3 种类型。

1. 本地变量

本地变量在声明它们的函数体（由大括号决定）内可用。若要声明本地变量，可以在函数体内部使用关键字 var 来定义。

2. 时间轴变量

时间轴变量可用于时间轴上的任意脚本。要声明时间轴变量，应在时间轴的所有帧上都初始化这些变量，然后尝试在脚本中访问它。

3. 全局变量

全局变量对于文档中的每个时间轴和范围均可见。如果要创建全局变量，可以在变量名称前使用_global 标识符，而不使用 var 关键字。

10.5 函数

函数是用来对常量和变量等进行某种运算的方法，如产生随机数、进行数值运算或获取对象属性等。函数是一个动作脚本代码块，它可以在影片中的任意位置上使用。如果将值作为参数传递给函数，则函数将对这些值进行操作。函数也可以返回值。

调用函数就是用一行代码来代替一个可执行的代码块。函数可以执行多个动作，并为它们传递可选项。函数必须要有唯一的名称，以便在代码行中可以知道访问的是哪一个函数。

Animate CC 2019 具有内置的函数，可以访问特定的信息或执行特定的任务，例如获取 Flash 播放器的版本号等。属于对象的函数又叫方法，不属于对象的函数叫顶级函数，可以在"动作"面板的"函数"类别中找到。

每个函数都具备自己的特性，而且某些函数需要传递特定的值。如果传递的参数多于函数的需要，则多余的值将被忽略。如果传递的参数少于函数的需要，则空的参数会被指定为 undefined 数据类型，这在导出脚本时可能会导致错误。如果要调用函数，则该函数必须存在于播放头到达的帧中。

动作脚本提供了自定义函数的方法，用户可以自行定义参数，并返回结果。在主时间轴上或影片剪辑时间轴的关键帧中添加函数就是在定义函数。所有的函数都有目标路径。所有的函数都需要在名称后跟一对圆括号，但括号中是否设置参数是可选的。一旦定义了函数，就可以从任何一个时间轴中调用它，包括加载的 SWF 文件的时间轴。

10.6 表达式和运算符

表达式是由常量、变量、函数和运算符按照运算法则组成的算式。运算符是可以对对数、字符串和逻辑值进行运算的关系符号。运算符有很多种类，包括算术运算符、字符串运算符、逻辑运算符、位运算符和赋值运算符等。

1．算术运算符及算术表达式

算术表达式是进行数值运算的表达式。它由数值、以数值为结果的函数和算术运算符组成，运算结果是数值或逻辑值。

在 Animate CC 2019 中可以使用以下算术运算符。

（1）+、−、*、/：执行加、减、乘、除运算。

（2）=、<>：比较两个数值相等或不相等。

（3）<、<=、>、>=：比较运算符前面的数值是否小于、小于等于、大于、大于等于后面的数值。

2．字符串运算符及字符串表达式

字符串表达式是对字符串进行运算的表达式。它由字符串、以字符串为结果的函数和字符串运算符组成，运算结果是字符串或逻辑值。

在 Animate CC 2019 中可以使用如下字符串运算符。

（1）&：连接运算符两边的字符串。

（2）Eq、Ne：判断运算符两边的字符串相等或不相等。

（3）Lt、Le、Qt、Qe：判断运算符左边字符串的 ASCII 码是否小于、小于等于、大于、大于等于右边字符串的 ASCII 码。

3．逻辑表达式

逻辑表达式是对正确或错误的结果进行判断的表达式。它由逻辑值、以逻辑值为结果的函数、以逻辑值为结果的算术或字符串表达式和逻辑运算符组成，运算结果是逻辑值。

4．位运算符

位运算符用于处理浮点数。运算时先将操作数转化为 32 位的二进制数，然后对每个操作数分别按位进行运算，运算后再将二进制的结果按照 Flash 的数值类型返回。

动作脚本的位运算符如下：&（位与）、/（位或）、^（位异或）、~（位非）、<<（左移位）、>>（右移位）和>>>（填 0 右移位）等。

5. 赋值运算符

赋值运算符的作用是为变量、数组元素或对象的属性赋值。

10.7 课堂练习——制作飞舞的雪花

⊕ 练习知识要点

使用"新建元件"命令制作图形元件和按钮元件，使用"属性"面板调整实例的颜色，使用"导入到库"命令导入素材文件。飞舞的雪花效果如图 10-27 所示。

⊕ 效果所在位置

资源包 > Ch10 > 效果 > 制作飞舞的雪花.fla。

图 10-27

制作飞舞的雪花

10.8 课后习题——制作情人节贺卡

⊕ 习题知识要点

使用"导入到库"命令导入素材文件，使用"新建元件"命令和"创建传统补间"命令制作动画效果，使用"动作"面板添加动作脚本。情人节贺卡效果如图 10-28 所示。

⊕ 效果所在位置

资源包 > Ch10 > 效果 > 制作情人节贺卡.fla。

图 10-28

制作情人节贺卡 1　　制作情人节贺卡 2　　制作情人节贺卡 3

第 11 章
制作交互式动画

　　用 Animate CC 2019 制作的动画存在交互性，可以通过对按钮的更改来控制动画的播放形式。本章主要讲解控制动画播放、声音改变和按钮状态变化的方法。通过对本章的学习，读者可以了解并掌握如何制作动画的交互功能，从而实现人机交互。

课堂学习目标

- 掌握播放和停止动画的方法
- 掌握按钮事件的应用
- 了解添加控制命令的方法

11.1 播放和停止动画

动画的交互性是指用户通过菜单、按钮、键盘和文字输入等方式来控制动画的播放。交互是为了使用户与计算机之间产生互动，使计算机对用户的指示做出相应的反应。交互式动画是指动画在播放时支持事件响应和交互功能的一种动画，动画在播放时不是从头播到尾，而是可以被用户控制。

11.1.1 课堂案例——制作风景相册

案例学习目标

使用"动作"面板添加动作脚本。

案例知识要点

使用"导入到库"命令导入素材文件，使用"新建元件"命令制作图形元件和按钮元件，使用"创建传统补间"命令制作照片浏览动画，使用"动作"面板添加动作脚本。风景相册效果如图 11-1 所示。

效果所在位置

资源包 > Ch11 > 效果 > 制作风景相册.fla。

图 11-1

制作风景相册

1. 导入素材并制作元件

STEP 1 在欢迎页的"详细信息"选项组中将"宽"选项设为 800，"高"选项设为 800，在"平台类型"下拉列表框中选择"ActionScript 3.0"选项，单击"创建"按钮，完成文档的创建。

STEP 2 选择"文件 > 导入 > 导入到库"命令，在弹出的"导入到库"对话框中选择资源包中的"Ch11 > 素材 > 制作风景相册 > 01 ～ 08"文件，单击"打开"按钮，将文件导入"库"面板中，如图 11-2 所示。

STEP 3 按 Ctrl+F8 组合键，弹出"创建新元件"对话框。在"名称"文本框中输入"照片"，在"类型"下拉列表框中选择"图形"选项，如图 11-3 所示。单击"确定"按钮，新建图形元件"照片"，如图 11-4 所示，舞台窗口也随之转换为图形元件的舞台窗口。

图 11-2

图 11-3

图 11-4

STEP 4 分别将"库"面板中的位图"04""05""06""07""08"拖曳到舞台窗口中适当的位置，如图 11-5 所示。选择"选择"工具 ▶，将舞台窗口中的对象全部选中，如图 11-6 所示。

图 11-5

图 11-6

STEP 5 按 Ctrl+G 组合键，将选中的对象编组，效果如图 11-7 所示。按住 Alt+Shift 组合键的同时将组合对象向右拖曳到适当的位置以复制图像，效果如图 11-8 所示。

图 11-7

图 11-8

STEP 6 按 Ctrl+F8 组合键，弹出"创建新元件"对话框。在"名称"文本框中输入"播放"，在"类型"下拉列表框中选择"按钮"选项，单击"确定"按钮，新建按钮元件"播放"，如图 11-9 所示，舞台窗口也随之转换为按钮元件的舞台窗口。

STEP 7 将"库"面板中的图形元件"02"拖曳到舞台窗口中，如图 11-10 所示。选中"图层_1"的"指针经过"帧，按 F6 键插入关键帧。在舞台窗口中选中"02"实例，在图形"属性"面板中选择"色彩效果"选项组，在"样式"下拉列表框中选择"色调"选项，将"着色"设为橙黄色（#FFCC00），"着色量"设为 100%，如图 11-11 所示，舞台窗口中的效果如图 11-12 所示。

图 11-9

图 11-10

图 11-11

图 11-12

STEP 8 用鼠标右键单击"库"面板中的按钮元件"播放"，在弹出的快捷菜单中选择"直接复制元件"命令，弹出"直接复制元件"对话框。在"元件名称"文本框中输入"停止"，单击"确定"按钮，创建按钮元件"停止"，如图 11-13 所示。

STEP 9 双击"库"面板中的按钮元件"停止"，进入舞台窗口。选中"图层_1"的"弹起"帧，在舞台窗口中选中"02.ai"实例，在实例"属性"面板中单击"交换"按钮，弹出"交换元件"对话框。在列表中选择"03.ai"文件，如图 11-14 所示，单击"确定"按钮，效果如图 11-15 所示。用相同的方法设置"图层_1"的"指针经过"帧，效果如图 11-16 所示。

图 11-13

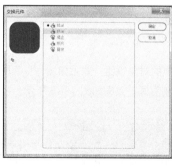
图 11-14

图 11-15

图 11-16

2. 制作场景动画

STEP 1 单击舞台窗口左上方的"场景 1"按钮 场景 1，进入"场景 1"的舞台窗口。将"图层_1"重命名为"底图"。将"库"面板中的位图"01"拖曳到舞台窗口的中心位置，如图 11-17 所示。选中"底图"图层的第 300 帧，按 F5 键插入普通帧。

STEP 2 在"时间轴"面板中创建新图层，并将其命名为"照片"。将"库"面板中的图形元件"照片"拖曳到舞台窗口中，并放置在适当的位置，如图 11-18 所示。

STEP 3 选中"照片"图层的第 300 帧，按 F6 键插入关键帧。将舞台窗口中的"照片"实例水平向左拖曳到适当的位置，如图 11-19 所示。用鼠标右键单击"照片"图层的第 1 帧，在弹出的快捷菜单中选择"创建传统补间"命令，生成传统补间动画。

图 11-17

图 11-18

图 11-19

STEP 4 在"时间轴"面板中创建新图层，并将其命名为"按钮"。分别将"库"面板中的按钮元件"播放"和"停止"拖曳到舞台窗口中，并放置在适当的位置，如图 11-20 所示。

STEP 5 选中舞台窗口中的"播放"实例，在实例"属性"面板中的"实例名称"文本框中输入"start_Btn"，如图 11-21 所示。选中舞台窗口中的"停止"实例，在实例"属性"面板中的"实例名称"文本框中输入"stop_Btn"，如图 11-22 所示。

图 11-20

图 11-21

图 11-22

STEP 6 在"时间轴"面板中创建新图层，并将其命名为"动作脚本"。选中"动作脚本"图层的第 1 帧，选择"窗口 > 动作"命令或按 F9 键，弹出"动作"面板。在"动作"面板中编写脚本，如图 11-23 所示。风景相册制作完成，按 Ctrl+Enter 组合键即可查看效果，如图 11-24 所示。

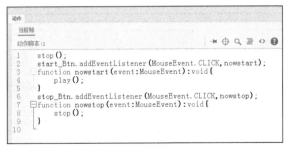

图 11-23

图 11-24

11.1.2　播放和停止动画

控制动画的播放和停止所使用的动作脚本函数如下。

（1）stop()：用于在此帧停止。语句如下。

```
stop();
```

（2）gotoAndStop()：用于转到某帧并停止播放。例如以下语句。

```
stop_Btn.addEventListener(MouseEvent.CLICK,nowstop);
function nowstop(event:MouseEvent):void{
    gotoAndStop(2);
}
```

（3）gotoAndPlay()：用于转到某帧并开始播放。例如以下语句。

```
start_Btn.addEventListener(MouseEvent.CLICK,nowstart);
function nowstart(event:MouseEvent):void{
    gotoAndPlay(2);
}
```

（4）addEventListener()：用于添加事件的方法。语法如下。

```
所要接收事件的对象.addEventListener(事件类型.事件名称,事件响应函数的名称);
{
//此处是为响应的事件所要执行的动作
}
```

选择"文件 > 打开"命令，在弹出的"打开"对话框中选择资源包中的"基础素材 > Ch11 > 01"文件，单击"打开"按钮打开文件，如图 11-25 所示。

在"时间轴"面板中创建新图层，并将其命名为"按钮"，如图 11-26 所示。分别将"库"面板中的按钮元件"播放"和"停止"拖曳到舞台窗口中，并放置在适当的位置，如图 11-27 所示。

图 11-25 　　　　　　　　　　　　图 11-26 　　　　　　　　　　　　图 11-27

选择"选择"工具 ▶，在舞台窗口中选中"播放"按钮实例，在"属性"面板中将"实例名称"设为"start_Btn"，如图 11-28 所示。用相同的方法将"停止"按钮实例的"实例名称"设为"stop_Btn"，如图 11-29 所示。

图 11-28 　　　　　　　　　　　　　　　　图 11-29

在"时间轴"面板中创建新图层，并将其命名为"动作脚本"。选择"窗口 > 动作"命令，弹出"动作"面板，在"动作"面板中编写脚本，如图 11-30 所示。设置完动作脚本后，关闭"动作"面板。在"动作脚本"图层中的第 1 帧上显示一个标记"a"，如图 11-31 所示。

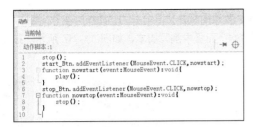

图 11-30

图 11-31

按 Ctrl+Enter 组合键即可查看动画效果。单击播放按钮，动画开始播放，如图 11-32 所示；单击停止按钮，动画停止播放，如图 11-33 所示。

图 11-32

图 11-33

11.2　按钮事件

按钮是制作交互式动画时常用的控制方式，可以利用按钮来控制和影响动画的播放，实现页面的链接、场景的跳转等功能。

打开资源包中的"基础素材 > Ch11 > 02"文件，如图 11-34 所示。按 Ctrl+L 组合键打开"库"面板，如图 11-35 所示。在"库"面板中用鼠标右键单击按钮元件"Play"，在弹出的快捷菜单中选择"属性"命令，弹出"元件属性"对话框。勾选"为 ActionScript 导出"复选框，在"类"文本框中输入类名称"playbutton"，如图 11-36 所示。单击"确定"按钮，完成元件属性的设置。

图 11-34

图 11-35

图 11-36

单击"时间轴"面板中的"新建图层"按钮■，新建图层并将其命名为"动作脚本"。选择"窗口 > 动作"命令或按 F9 键，弹出"动作"面板，在"动作"面板中编写脚本，如图 11-37 所示。按 Ctrl+Enter 组合键即可查看效果，如图 11-38 所示。

```
动作
当前帧
动作脚本:1                                    ↦ ⊕ Q ≣ ⟨⟩ 0
  1    stop();
  2    var playBtn:playbutton = new playbutton();
  3        playBtn.addEventListener( MouseEvent.CLICK, handleClick );
  4    var stageW=stage.stageWidth;
  5    var stageH=stage.stageHeight;
  6    playBtn.x=stageW/1.1;
  7    playBtn.y=stageH/1.1;
  8    this.addChild(playBtn);
  9  ⊟function handleClick( event:MouseEvent ) {
 10            gotoAndPlay(2);
 11        }
 12
```

图 11-37   图 11-38

```
stop();
//处于静止状态
var playBtn:playbutton = new playbutton();
//创建一个按钮实例
playBtn.addEventListener( MouseEvent.CLICK, handleClick );
//为按钮实例添加监听器
var stageW=stage.stageWidth;
var stageH=stage.stageHeight;
//依据舞台的宽和高
playBtn.x=stageW/1.1;
playBtn.y=stageH/1.1;
this.addChild(playBtn);
//添加按钮到舞台中，并将其放置在舞台的左下角
function handleClick( event:MouseEvent ) {
            gotoAndPlay(2);
    }
//单击按钮时跳到下一帧并开始播放动画
```

11.3 添加控制命令

控制鼠标跟随所使用的脚本如下。

```
root.addEventListener(Event.ENTER_FRAME,元件实例);
function 元件实例(e:Event) {
    var h:元件 = new 元件();
//添加一个元件实例
    h.x=root.mouseX;
    h.y=root.mouseY;
//设置元件实例在 X 轴和 Y 轴的坐标位置
    root.addChild(h);
//将元件实例放入场景
}
```

打开资源包中的"基础素材 > Ch11 > 03"文件。用鼠标右键单击"库"面板中的影片剪辑元件"图形动",在弹出的快捷菜单中选择"属性"命令,弹出"元件属性"对话框。勾选"为 ActionScript 导出"复选框,在"类"文本框中输入类名称"Box",如图 11-39 所示。单击"确定"按钮,完成元件属性的设置。

在"时间轴"面板中创建新图层并将其命名为"动作脚本"。选择"窗口 > 动作"命令或按 F9 键,弹出"动作"面板,在"动作"面板中编写脚本,如图 11-40 所示。

选择"文件 > ActionScript 设置"命令,弹出"高级 ActionScript 3.0 设置"对话框,取消勾选"严谨模式"复选框,如图 11-41 所示。单击"确定"按钮,鼠标跟随效果制作完成,按 Ctrl+Enter 组合键即可查看效果,如图 11-42 所示。

图 11-39

图 11-40

图 11-41

图 11-42

11.4 课堂练习——制作鼠标跟随效果

⊕ 练习知识要点

使用"椭圆"工具、"渐变变形"工具、"变形"面板和"颜色"面板绘制星星图形,使用"动作"面板添加动作脚本。鼠标跟随效果如图 11-43 所示。

⊕ 效果所在位置

资源包 > Ch11 > 效果 > 制作鼠标跟随效果.fla。

图 11-43

制作鼠标跟随效果

11.5 课后习题——制作美食页面

习题知识要点

　　使用"导入"命令导入素材文件，使用"创建传统补间"命令制作美食动画效果，使用"动作"面板添加脚本。美食页面效果如图 11-44 所示。

效果所在位置

　　资源包 > Ch11 > 效果 > 制作美食页面.fla。

图 11-44

制作美食页面

12

第 12 章
组件和动画预设

在 Animate CC 2019 中，系统预先设定了组件和动画预设功能来协助用户制作动画，以提高制作效率。本章将主要讲解组件、动画预设的使用方法。通过对本章的学习，读者可以了解并掌握如何应用系统自带的功能事半功倍地完成动画制作。

课堂学习目标

- 了解组件及组件的设置
- 掌握动画预设的应用、导入、导出和删除

12.1 组件

组件是一些复杂的带有可定义参数的影片剪辑符号。一个组件就是一段影片剪辑，其中所带的参数由用户在创作动画影片时进行设置，所带的动作脚本 API 供用户在运行时自定义组件。组件旨在让开发人员重用和共享代码，封装复杂的功能，让用户在没有"动作脚本"时也能使用和自定义这些功能。

12.1.1 关于组件

组件可以是单选按钮、对话框、下拉列表、预加载栏，甚至是根本没有图形的某个项，如定时器、服务器连接实用程序或自定义 XML 分析器等。

如果用户不擅长编写 ActionScript 代码，可以直接向文档添加组件。添加组件后可以在"属性"面板中设置其参数，然后可以使用"代码片段"面板处理其事件。

用户无须编写任何 ActionScript 代码，就可以将"转到 Web 页"行为附加到一个 Button 组件中，用户单击此按钮时会在浏览器中打开一个 URL 链接。

要创建功能更加强大的应用程序，可以通过动态方式创建组件，使用 ActionScript 代码在运行时设置属性和调用方法，还可以使用事件侦听器模型来处理事件。

首次将组件添加到文档时，Animate CC 2019 会将其作为影片剪辑导入"库"面板中，还可以将组件从"组件"面板直接拖曳到"库"面板中，然后将其实例添加到舞台窗口中。在任何情况下，用户都必须先将组件添加到库中，才能访问其类元素。

12.1.2 设置组件

选择"窗口 > 组件"命令，或按 Ctrl+F7 组合键，弹出"组件"面板，如图 12-1 所示。Animate CC 2019 提供了两类组件：用于创建界面的 User Interface 类组件和控制视频播放的 Video 组件。

可以在"组件"面板中双击要使用的组件，组件将显示在舞台窗口中，如图 12-2 所示。

可以在"组件"面板中选中要使用的组件，将其直接拖曳到舞台窗口中，如图 12-3 所示。

图 12-1

图 12-2

图 12-3

在舞台窗口中选中组件，如图 12-4 所示。按 Ctrl+F3 组合键，弹出"属性"面板，如图 12-5 所示。单击"显示参数"按钮，可以在弹出的"组件参数"面板中设置相应的选项，如图 12-6 所示。

图 12-4 图 12-5 图 12-6

12.2 使用动画预设

动画预设是预配置的补间动画，可以将它们应用于舞台窗口中的对象上。用户只需选择对象并单击"动画预设"面板中的"应用"按钮，即可为选中的对象添加动画效果。

使用动画预设是学习在 Animate CC 2019 中添加动画的基础知识的快捷方法，一旦了解预设的工作方式，自己制作动画就非常容易了。

用户可以创建并保存自己的自定义预设，这种预设可以来自已修改的现有动画预设，也可以来自用户自己创建的自定义补间动画。

使用"动画预设"面板还可导入和导出预设。用户可以与协作人员共享预设，或利用由 Animate 设计社区成员共享的预设。

12.2.1 课堂案例——制作小风扇主图动画

案例学习目标

使用不同的预设命令制作动画效果。

案例知识要点

使用"新建元件"命令制作图形元件，使用"从左边飞入"选项、"从顶部飞入"选项、"从右边飞入"选项、"从底部飞入"选项制作文字动画，使用"脉搏"选项制作价位动画。小风扇主图动画效果如图 12-7 所示。

效果所在位置

资源包 > Ch12 > 效果 > 制作小风扇主图动画.fla。

图 12-7

制作小风扇主图动画

1. 创建图形元件

STEP 1 在欢迎页的"详细信息"选项组中将"宽"选项设为 800，"高"选项设为 800，在"平台类型"下拉列表框中选择"ActionScript 3.0"选项，单击"创建"按钮，完成文档的创建。

STEP 2 选择"文件 > 导入 > 导入到库"命令，在弹出的"导入到库"对话框中选择资源包中的"Ch12 > 素材 > 制作小风扇主图动画 > 01 和 02"文件，单击"打开"按钮，将文件导入"库"面板中，如图 12-8 所示。

STEP 3 按 Ctrl+F8 组合键，弹出"创建新元件"对话框。在"名称"文本框中输入"小风扇"，在"类型"下拉列表框中选择"图形"选项，单击"确定"按钮，新建图形元件"小风扇"，如图 12-9 所示，舞台窗口也随之转换为图形元件的舞台窗口。将"库"面板中的位图"02.png"拖曳到舞台窗口中，并将其放置在适当的位置，如图 12-10 所示。

图 12-8 图 12-9 图 12-10

STEP 4 新建图形元件"价位"，舞台窗口也随之转换为图形元件"价位"的舞台窗口。选择"文本"工具 T，在其"属性"面板中进行设置，在舞台窗口中适当的位置输入大小为 112，字母间距为 3，字体为"Impact"的蓝色（#0A8FBF）数字，效果如图 12-11 所示。再次在舞台窗口中适当的位置输入大小为 48，字体为"方正兰亭黑简体"的蓝色（#0A8FBF）文字，效果如图 12-12 所示。

STEP 5 新建图形元件"文字 1"，舞台窗口也随之转换为图形元件"文字 1"的舞台窗口。选择"文本"工具 T，在其"属性"面板中打开"改变文本方向"下拉列表框 ，在下拉列表中选择"垂直"选项，将"系列"选项设为"方正兰亭粗黑简体"，"大小"选项设为 79，"颜色"选项设为深灰色（#343434），"字母间距"选项设为 0，其他设置如图 12-13 所示。在舞台窗口中输入文字，效果如图 12-14 所示。

119

图 12-11

119元

图 12-12

图 12-13

超静音大风力

图 12-14

STEP　6 将光标放置在文字"音"与"大"的中间，如图 12-15 所示。在"属性"面板中将"字母间距"选项设为 10，效果如图 12-16 所示。

STEP　7 新建图形元件"文字 2"，舞台窗口也随之转换为图形元件"文字 2"的舞台窗口。将"图层_1"重命名为"圆角矩形"。选择"基本矩形"工具 ，在工具箱中将"笔触颜色"设为无，"填充颜色"设为蓝色（#27C0F7），在舞台窗口中绘制一个矩形，如图 12-17 所示。

STEP　8 保持矩形的选中状态，在矩形图元"属性"面板中将"宽"选项设为 70，"高"选项设为 250，"X"选项和"Y"选项均设为 0，其他设置如图 12-18 所示，效果如图 12-19 所示。

STEP　9 在"时间轴"面板中创建新图层，并将其命名为"文字"。选择"文本"工具 ，在其"属性"面板中打开"改变文本方向"下拉列表框 ，在弹出的下拉列表中选择"垂直"选项，将"系列"选项设为"方正准圆简体"，将"大小"选项设为 51，"颜色"选项设为白色，"行距"选项设为 2，在舞台窗口中输入文字，效果如图 12-20 所示。

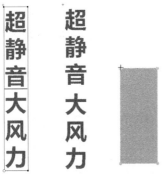
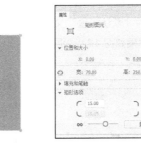

图 12-15　　　图 12-16　　　图 12-17　　　　　　图 12-18　　　　　图 12-19　　　图 12-20

STEP　10 新建图形元件"文字 3"，如图 12-21 所示，舞台窗口也随之转换为图形元件"文字 3"的舞台窗口。选择"文本"工具 ，在其"属性"面板中打开"改变文本方向"下拉列表框 ，在弹出的下拉列表中选择"垂直"选项，将"系列"选项设为"方正准圆简体"，将"大小"选项设为 30，"颜色"选项设为灰色（#535353），"行距"选项设为 2，其他设置如图 12-22 所示。在舞台窗口中输入文字，效果如图 12-23 所示。

图 12-21　　　　　　　　　图 12-22　　　　　　　图 12-23

2. 制作场景动画

STEP　11 单击舞台窗口左上方的"场景 1"按钮 ，进入"场景 1"的舞台窗口。将"图层_1"

重命名为"底图"，如图 12-24 所示。将"库"面板中的位图"01.jpg"拖曳到舞台窗口的中心位置，如图 12-25 所示。选中"底图"图层的第 90 帧，按 F5 键插入普通帧。

STEP 2 在"时间轴"面板中创建新图层，并将其命名为"风扇"。选中"风扇"图层的第 1 帧，将"库"面板中的图形元件"小风扇"拖曳到舞台窗口的右外侧，如图 12-26 所示。

图 12-24　　　　　　　　　图 12-25　　　　　　　　　图 12-26

STEP 3 保持"小风扇"实例的选中状态，选择"窗口 > 动画预设"命令，弹出"动画预设"面板。单击"默认预设"文件夹左侧的三角图标 ，展开"默认预设"文件夹，如图 12-27 所示。

STEP 4 在"动画预设"面板中的"默认预设"文件夹中选择"从右边飞入"选项，如图 12-28 所示。单击"应用"按钮，舞台窗口中的效果如图 12-29 所示。

  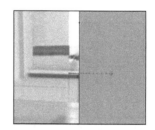

图 12-27　　　　　　　　　图 12-28　　　　　　　　　图 12-29

STEP 5 选中"风扇"图层的第 24 帧，在舞台窗口中将"小风扇"实例水平向左拖曳到适当的位置，如图 12-30 所示。选中"风扇"图层的第 90 帧，按 F5 键插入普通帧。

STEP 6 在"时间轴"面板中创建新图层，并将其命名为"文字 1"。选中"文字 1"图层的第 10 帧，按 F6 键插入关键帧。将"库"面板中的图形元件"文字 1"拖曳到舞台窗口的左外侧，如图 12-31 所示。

图 12-30　　　　　　　　　　　图 12-31

STEP 7 保持"文字 1"实例的选中状态，在"动画预设"面板中的"默认预设"文件夹中，选择"从左边飞入"选项，如图 12-32 所示。单击"应用"按钮，舞台窗口中的效果如图 12-33 所示。

STEP 8 选中"文字 1"图层的第 33 帧，在舞台窗口中将"文字 1"实例水平向右拖曳到适当的位置，如图 12-34 所示。选中"文字 1"图层的第 90 帧，按 F5 键插入普通帧。

图 12-32　　　　　　　　　图 12-33　　　　　　　　　图 12-34

STEP　9 在"时间轴"面板中创建新图层，并将其命名为"文字 2"。选中"文字 2"图层的第 10 帧，按 F6 键插入关键帧。将"库"面板中的图形元件"文字 2"拖曳到舞台窗口的上方外侧，如图 12-35 所示。

STEP　10 保持"文字 2"实例的选中状态，在"动画预设"面板中的"默认预设"文件夹中选择"从顶部飞入"选项，如图 12-36 所示。单击"应用"按钮，舞台窗口中的效果如图 12-37 所示。

图 12-35　　　　　　　　　图 12-36　　　　　　　　　图 12-37

STEP　11 选中"文字 2"图层的第 33 帧，在舞台窗口中将"文字 2"实例垂直向下拖曳到适当的位置，如图 12-38 所示。选中"文字 2"图层的第 90 帧，按 F5 键插入普通帧。

STEP　12 在"时间轴"面板中创建新图层，并将其命名为"文字 3"。选中"文字 3"图层的第 10 帧，按 F6 键插入关键帧。将"库"面板中的图形元件"文字 3"拖曳到舞台窗口中，并放置在适当的位置，如图 12-39 所示。

图 12-38　　　　　　　　　图 12-39

STEP　13 保持"文字 3"实例的选中状态，在"动画预设"面板中的"默认预设"文件夹中选择"从底部飞入"选项，如图 12-40 所示。单击"应用"按钮，舞台窗口中的效果如图 12-41 所示。

STEP　14 选中"文字 3"图层的第 33 帧，在舞台窗口中将"文字 3"实例垂直向上拖曳到适当的位置，如图 12-42 所示。选中"文字 3"图层的第 90 帧，按 F5 键插入普通帧。

图 12-40 图 12-41 图 12-42

STEP 15 在"时间轴"面板中创建新图层，并将其命名为"价位"。选中"价位"图层的第 10 帧，按 F6 键插入关键帧。将"库"面板中的图形元件"价位"拖曳到舞台窗口中，并放置在适当的位置，如图 12-43 所示。

STEP 16 保持"文字 3"实例的选中状态，在"动画预设"面板中的"默认预设"文件夹中选择"脉搏"选项，如图 12-44 所示。单击"应用"按钮，为实例应用预设。

STEP 17 选中"文字 3"图层的第 90 帧，按 F5 键插入普通帧。小风扇主图动画制作完成，按 Ctrl+Enter 组合键即可查看效果，如图 12-45 所示。

图 12-43 图 12-44 图 12-45

12.2.2 预览动画预设

Animate CC 2019 随附的每个动画预设都包括预览效果，可在"动画预设"面板中查看其预览效果。通过预览效果，用户可以了解在将动画应用于 FLA 文件中的对象时的效果。对于用户创建或导入的自定义预设，还可以添加自己的预览效果。

选择"窗口 > 动画预设"命令，弹出"动画预设"面板，如图 12-46 所示。单击"默认预设"文件夹左侧的三角图标 ⌄，展开"默认预设"文件夹，选择其中一个默认的预设选项，即可预览默认动画预设，如图 12-47 所示。若要停止预览，可在"动画预设"面板外单击即可。

图 12-46 图 12-47

12.2.3 应用动画预设

在舞台上选中可补间的对象（元件实例或文本字段）后，可单击"应用"按钮来应用预设。每个对象只能应用一个预设。如果将第二个预设应用于相同的对象，则第二个预设将替换第一个预设。

一旦将预设应用于舞台上的对象后，在时间轴中创建的补间就与"动画预设"面板没有任何关系了。

在"动画预设"面板中删除或重命名某个预设，对以前使用该预设创建的所有补间没有任何影响。如果在"动画预设"面板中的现有预设上保存新预设，它对使用原始预设创建的补间也没有任何影响。

　　每个动画预设都包含特定数量的帧。在应用预设时，在时间轴中创建的补间范围将包含此数量的帧。如果目标对象已应用了不同长度的补间，为了符合动画预设的长度，补间范围将进行调整。可在应用预设后调整时间轴中补间范围的长度。

　　包含 3D 动画的动画预设只能应用于影片剪辑实例。已补间的 3D 属性不适用于图形或按钮元件，也不适用于文本字段。可以将 2D 或 3D 动画预设应用于任何 2D 或 3D 影片剪辑。

 提示

如果动画预设对 3D 影片剪辑在 z 轴的位置进行了动画处理，则该影片剪辑在显示时也会改变其在 x 轴和 y 轴的位置。这是因为 z 轴上的移动是沿着 3D 消失点（在 3D 元件实例属性检查器中设置）辐射到舞台边缘的不可见透视线执行的。

　　打开资源包中的"基础素材 > Ch12 > 01"文件，如图 12-48 所示。单击"时间轴"面板中的"新建图层"按钮，新建"图层_1"图层，如图 12-49 所示。将"库"面板中的图形元件"足球"拖曳到舞台窗口中，并放置在适当的位置，如图 12-50 所示。

　　　　图 12-48　　　　　　　　　　图 12-49　　　　　　　　　　图 12-50

　　选择"窗口 > 动画预设"命令，弹出"动画预设"面板，如图 12-51 所示。单击"默认预设"文件夹左侧的三角图标，展开"默认预设"文件夹，如图 12-52 所示。

　　在舞台窗口中选择"足球"实例，在"动画预设"面板中选择"多次跳跃"选项，如图 12-53 所示。

　　　　图 12-51　　　　　　　　　　图 12-52　　　　　　　　　　图 12-53

　　单击"动作预设"面板右下角的"应用"按钮，为"足球"实例添加动画预设，舞台窗口中的效果如图 12-54 所示，"时间轴"面板中的效果如图 12-55 所示。

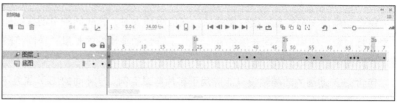

图 12-54 　　　　　　　　　　　　　　　　　图 12-55

选择"选择"工具 ▶ ，在舞台窗口中向上拖曳"足球"实例到适当的位置，如图 12-56 所示。选中"底图"图层的第 75 帧，按 F5 键插入普通帧，如图 12-57 所示。

图 12-56 　　　　　　　　　　　　　　　　　图 12-57

按 Ctrl+Enter 组合键测试动画效果，在动画中足球会自上向下降落，再次弹出并落下。

12.2.4　将补间另存为自定义动画预设

如果用户想对自己创建的补间（或对从"动画预设"面板应用的补间）进行更改，可将它另存为新的动画预设。新预设将显示在"动画预设"面板中的"自定义预设"文件夹中。

选择"基本椭圆"工具 ○ ，在工具箱中将"笔触颜色"设为无，"填充颜色"设为渐变色，在舞台窗口中绘制一个圆形，如图 12-58 所示。

选择"选择"工具 ▶ ，在舞台窗口中选中圆形，按 Ctrl+F8 组合键，弹出"转换为元件"对话框。在"名称"文本框中输入"球"，在"类型"下拉列表框中选择"图形"选项，如图 12-59 所示。单击"确定"按钮，将圆形转换为图形元件。

图 12-58 　　　　　　　　　　　　　　　　　图 12-59

用鼠标右键单击"球"实例，在弹出的快捷菜单中选择"创建补间动画"命令，生成补间动画，"时间轴"面板如图 12-60 所示。在舞台窗口中将"球"实例向右拖曳到适当的位置，如图 12-61 所示。

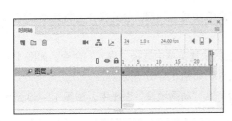

图 12-60　　　　　　　　　　　　　　　图 12-61

选择"选择"工具 ▶，将鼠标指针放置在运动路线上，当鼠标指针变为 ▶ 时，将路线向上拖曳到适当的位置，运动路线变为弧线，效果如图 12-62 所示。

在"时间轴"面板中单击"图层_1"，将该层中的所有补间选中。单击"动画预设"面板中的"将选区另存为预设"按钮 ▣，弹出"将预设另存为"对话框，如图 12-63 所示。

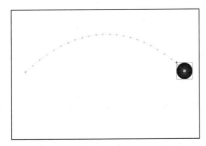

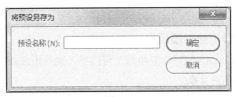

图 12-62　　　　　　　　　　　　　　　图 12-63

在"预设名称"文本框中输入一个名称，如图 12-64 所示。单击"确定"按钮，保存预设效果，"动画预设"面板如图 12-65 所示。

图 12-64　　　　　　　　　　　　　　　图 12-65

动画预设只能包含补间动画。传统补间动画不能保存为动画预设。自定义的动画预设存储在"自定义预设"文件夹中。

12.2.5　导入和导出动画预设

在 Animate CC 2019 中，除了默认预设和自定义预设外，还可以通过导入和导出的方式添加动画预设。

1. 导入动画预设

将动画预设存储为 XML 文件，在 Animate CC 2019 中导入 XML 补间文件可将其添加到"动画预设"面板中。

单击"动画预设"面板右上角的≣按钮，在弹出的快捷菜单中选择"导入"命令，如图 12-66 所示。在弹出的"导入动画预设"对话框中选择要导入的文件，如图 12-67 所示。

单击"打开"按钮，将"小球运动-1.xml"预设导入"动画预设"面板中，如图 12-68 所示。

图 12-66　　　　　　　　　　　　　图 12-67　　　　　　　　　　　　　图 12-68

2. 导出动画预设

在 Animate CC 2019 中除了可以导入动画预设外，还可以将制作好的动画预设导出为 XML 文件，以便与其他用户共享。

在"动画预设"面板中选择需要导出的预设，如图 12-69 所示。单击"动画预设"面板右上角的≣按钮，在弹出的快捷菜单中选择"导出"命令，如图 12-70 所示。

在弹出的"另存为"对话框中，为 XML 文件选择保存位置并输入名称，如图 12-71 所示，单击"保存"按钮即可完成导出预设。

图 12-69　　　　　　　　　　　图 12-70　　　　　　　　　　　图 12-71

12.2.6　删除动画预设

可从"动画预设"面板中删除预设。在删除预设时，系统将从磁盘中删除其 XML 文件。因此，在删除预设前，要考虑是否导出制作该预设的备份，以便以后再次使用。

在"动画预设"面板中选择需要删除的预设，如图 12-72 所示。单击面板下方的"删除项目"按钮 ，弹出"删除预设"提示框，如图 12-73 所示。单击"删除"按钮，即可将选中的预设删除。

图 12-72

图 12-73

 提示

"默认预设"文件夹中的预设是无法删除的。

12.3 课堂练习——制作旅行箱广告

⊕ 练习知识要点

使用"导入到库"命令导入素材制作图形元件,使用"从顶部飞入"选项、"从右边飞入"选项和"从左边飞入"选项制作旅行箱广告动画。旅行箱广告效果如图 12-74 所示。

⊕ 效果所在位置

资源包 > Ch12 > 效果 > 制作旅行箱广告.fla。

图 12-74

制作旅行箱广告

12.4 课后习题——制作运动鞋促销海报

⊕ 习题知识要点

使用"导入到库"命令导入素材制作图形元件,使用"从顶部飞入"选项、"从底部飞入"选项、"从左边飞入"选项、"从右边飞入"选项和"脉搏"选项制作动画效果。运动鞋促销海报效果如图 12-75 所示。

效果所在位置

资源包 ＞ Ch12 ＞ 效果 ＞ 制作运动鞋促销海报.fla。

图 12-75

制作运动鞋促销海报

Chapter

13

第 13 章
测试、优化、调试、输出和发布

在用 Animate CC 2019 制作动画时，可以测试作品是否达到预期的效果，还可以对作品进行优化，以保证最好的网络播放效果。动画制作完成后，可以将其输出或发布，制作成脱离 Animate CC 2019 环境的其他格式的文件。本章将介绍对动画影片进行测试、优化和调试的技巧，还有输出、发布动画影片的方法和格式。通过对本章的学习，读者可以了解并掌握如何测试、优化、输出和发布动画影片，以及将动画转换为 HTML5 Canvas 的方法和技巧，以便制作出高质量的动画作品。

课堂学习目标

- 了解 Animate CC 2019 的测试环境
- 了解优化动画影片的方法
- 了解动画影片的调试方法
- 掌握发布动画影片的方法

13.1 Animate CC 2019 的测试环境

在动画影片的设计过程中，需要经常测试当前编辑的动画影片，以便了解作品是否达到预期效果。

13.1.1 测试动画影片

动画影片制作完成后，需要对其整体进行测试，如图 13-1 所示。选择"控制 > 测试"命令，或按 Ctrl+Enter 组合键，会自动生成一个 SWF 文件在 Flash Player 中播放，如图 13-2 所示。

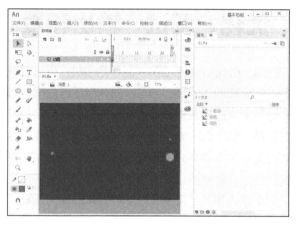

图 13-1   图 13-2

13.1.2 测试场景

Animate CC 2019 也可以对单个元件进行测试，以便清楚地观看单个元件的效果。在舞台窗口中双击需要测试的元件，进入该元件的编辑模式，如图 13-3 所示。选择"控制 > 测试场景"命令，或按 Ctrl+Alt+Enter 组合键，就可以对指定的元件进行测试，如图 13-4 所示。

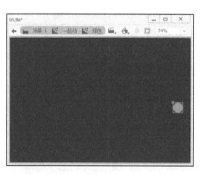

图 13-3   图 13-4

13.2 优化动画影片

如果将制作的动画影片应用于网页上，网页中动画影片的质量与数量会直接影响网页的访问速度。如果动画影片的质量较高，则会增加动画影片的大小，动画影片越大，下载的时间就会越长，其播放速度也会越慢。因此在将动画影片应用到网页之前，要对其进行优化。

1．元件的优化

如果动画影片中的对象在影片中多次出现，则应使用元件，这样应用到网页上时，下载的数据就会减少许多。重复使用元件并不会使影片文件明显增大，因为影片文件只需要存储一次元件的图形数据。

2．动画的优化

在制作动画时尽量使用补间动画，少使用逐帧动画，因为关键帧使用得越多，动画影片文件就会越大。

3．线条的优化

在制作动画时多采用实线，少用虚线，限制特殊线条类型，如短画线、虚线和波浪线等线条的数量，因为实线占用的资源比较少，可以使文件变小。另外，使用"铅笔"工具绘制的线条比使用"画笔"工具绘制的线条占用的资源要少。

4．图形的优化

在 Animate CC 2019 中制作动画时，应多用构图简单的矢量图形（矢量图形越复杂，CPU 运算起来就越费力），少使用位图图像。矢量图形可以任意缩放并且不会影响动画的画质，位图图像一般只作为静态元素或背景图使用，Animate CC 2019 不擅长处理位图图像的动作，应避免制作位图图像元素的动画。

5．位图的优化

导入的位图图像文件要尽可能小一点，并以 JPEG 格式压缩。避免使用位图作为影片的背景。

6．音频的优化

音效文件最好以 MP3 格式压缩，MP3 是使声音文件最小化的格式之一。

7．文字的优化

限制字体和字体样式的数量，尽量不要使用太多不同的字体，因为使用的字体越多，动画影片就越大。应尽可能使用 Animate CC 2019 内定的字体，尽量不要将字体打散，字体打散后就变成图形了，这样会使动画影片增大。

8．填色的优化

尽量减少使用渐变色和 Alpha 透明色，使用过渡颜色填充比使用纯色填充更占用存储空间。

9．帧的优化

尽量缩小动作区域，限制每个关键帧中动作发生的区域，应使动作发生在尽可能小的区域内。

10．图层的优化

尽量避免在同一时间内安排多个对象同时产生动作，有动作的对象也不要与其他静态对象安排在同一图层中，应该将有动作的对象安排在独立图层内，以加速动画的处理过程。此外应尽量使用组合元素，使用层来组织不同时间和不同元素的对象。

11．尺寸的优化

动画的长宽尺寸越小越好，尺寸越小，动画影片就越小。通过菜单命令可以修改动画的长宽尺寸。

12．优化命令

选择"修改 ＞ 形状 ＞ 优化"命令，可以最大限度地减少用于描述图形轮廓的单个线条的数目。

13.3 动画影片的调试

调试是动画完工前应做的工作，Animate CC 2019 的调试功能主要用于调试动画中 ActionScript 脚本的正确性，如果动画中不包括 ActionScript 脚本，则不能执行调试命令。

13.3.1 调试命令

选择"调试 > 调试影片"命令，可以对动画影片进行调试操作。调试动画影片的相关命令选项如图 13-5 所示。选择"调试 > 调试影片"命令，其子菜单选项如图 13-6 所示。

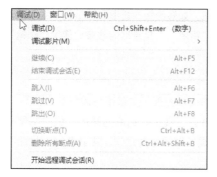

图 13-5

图 13-6

"编译器错误"面板可以控制 ActionScript 编译器生成的警告，当编译器报告错误时，双击错误可定位至导致错误的代码行。

13.3.2 ActionScript 3.0 调试器

ActionScript 3.0 调试器仅用于 ActionScript 3.0 FLA 和 AS 文件，FLA 文件必须将发布设置设为 Flash Player 9。启动一个 ActionScript 3.0 调试会话时，Animate CC 2019 将启动独立的 Flash Player 调试板来播放 SWF 文件。

ActionScript 3.0 调试器将 Animate CC 2019 工作区转换为显示调试所用面板的调试工作区，包括"动作"面板、"调试控制台"面板和"变量"面板。"调试控制台"面板显示调试用堆栈并包含用于跟踪脚本的工具，如图 13-7 所示。"变量"面板显示当前范围内的变量及其值，并允许用户自行更新这些值，如图 13-8 所示。

图 13-7

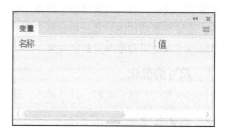

图 13-8

提 示

用户可以将特殊调试信息包含在所有从"发布设置"对话框中通过特定 FLA 文件创建的 SWF 文件中，调试后 SWF 文件将稍微变大一些。

利用 ActionScript 3.0，用户可以通过 Debug Flash Player 的独立版本、ActiveX 版本或插件版本（位于 Animate CC 2019 安装目录/Players/Debug/目录中）调试远程 SWF 文件。但是，在 ActionScript 3.0 调试器中，只能远程调试和 Animate CC 2019 创作应用程序位于同一本地主机上，并且正在独立调试播放器、ActiveX 空间或插件中播放的文件。

 提 示

如果要允许远程调试文件，可以在"发布设置"对话框中勾选"允许调试"复选框。用户可以选择"调试 > 开始远程调试会话"命令调试远程 SWF 文件。

在 JavaScript 或 HTML 中时，用户可以在 ActionScript 中查看客户端变量。若要安全地存储变量，需要将它们发送到服务器端应用程序中，而不要将它们存储在文件中。然而，有些用户可能有一些不想泄漏出去的商业机密，例如影片剪辑机构，那么他们可以使用调试加密来保护自己编写的文档。

13.4　动画影片的输出与发布

动画作品设计完成后，要通过输出或发布将其制作成可以脱离 Animate CC 2019 环境播放的动画影片。但并不是所有应用系统都支持 Animate 文件格式，如果要在网页、应用程序、多媒体中使用动画作品，可以将它们导出成通用的文件格式，如 GIF、JPEG、PNG、GIF（动画）或 SWF。

13.4.1　输出设置

选择"文件 > 导出"命令，其子菜单如图 13-9 所示，可以选择将文件导出为图像或影片等。

图 13-9

"导出图像"命令：可以将当前帧或所选图像导出为一种静止图像，同时在导出时可以对图像进行优化处理。

"导出图像（旧版）"命令：可以将当前帧或所选图像导出为一种静止图像，或导出为单帧 Flash Player 应用程序。

"导出影片"命令：可以将制作好的动画导出为 SWF 格式的放映影片。

"导出视频"命令：可以将动画导出为视频。

"导出动画 GIF"命令：可以将制作好的动画导出为 GIF 动画。

将 Animate CC 2019 中的图像保存为位图、GIF、JPEG、PNG 文件时，图像会丢失其矢量信息，仅以像素信息保存。

13.4.2 输出格式

Animate CC 2019 可以输出多种格式的动画或图形文件，一般包含以下几种常用类型。

1. SWF 影片（*.swf）

SWF 格式是浏览网页时常见的动画格式，它以".swf"为后缀，具有动画、声音和交互功能，它需要在浏览器中安装 Flash 播放器插件才能观看。将整个文档导出为具有动画效果和交互功能的 SWF 影片后，便于将其导入其他应用程序中，如导入 Dreamweaver 中。

选择"文件 > 导出 > 导出影片"命令，弹出"导出影片"对话框，在"文件名"文本框中输入名称，在"保存类型"下拉列表框中选择"SWF 影片（*.swf）"选项，如图 13-10 所示。单击"保存"按钮，即可导出 SWF 影片。

图 13-10

在以 SWF 格式导出 Animate CC 2019 文件时，文本以 Unicode 格式进行编码。Unicode 是一种文字信息的通用字符集编码标准，它是一种 16 位编码格式。也就是说，Animate CC 2019 文件中的文字使用双位元组字符集进行编码。

2. JPEG 位图（*.jpg）

可以将 Animate CC 2019 文件中当前帧上的对象导出成 JPEG 位图文件。JPEG 格式图像为高压缩比的 24 位位图。JPEG 格式适合显示包含连续色调的图像（如照片、渐变色或嵌入位图）。

3. GIF 序列（*.gif）

可以将 Animate CC 2019 动画时间轴上的每一帧都导出成 GIF 序列文件。选择"文件 > 导出 > 导出影片"命令，弹出"导出影片"对话框，在"文件名"文本框中输入要导出序列文件的名称，在"保存类型"下拉列表框中选择"GIF 序列（*.gif）"选项，如图 13-11 所示。单击"保存"按钮，弹出"导出 GIF"对话框，如图 13-12 所示。

图 13-11　　　　　　　　　　　　　　　　　　　图 13-12

"宽"和"高"选项：设置 GIF 动画的尺寸。

"分辨率"选项：设置导出动画的分辨率，并且让 Animate CC 2019 根据图形的大小自动计算宽度和高度。单击"匹配屏幕"按钮，可以将分辨率设置为与显示器相匹配。

"颜色"下拉列表框：设置导出图像的颜色数量。

"透明"复选框：勾选此复选框，输出的 GIF 序列动画的背景色为透明。

"交错"复选框：勾选此复选框，浏览者在下载动画的过程中，动画以交互方式显示。

"平滑"复选框：勾选此复选框，对输出的 GIF 序列动画进行平滑处理。

"抖动纯色"复选框：勾选此复选框，对 GIF 序列动画中的色块进行抖动处理，以提高画面质量。

4. PNG 序列（*.png）

PNG 文件格式是一种可以跨平台支持透明度的图像格式。选择"文件 > 导出 > 导出影片"命令，弹出"导出影片"对话框，在"文件名"文本框中输入要导出序列文件的名称，在"保存类型"下拉列表框中选择"PNG 序列（*.png）"，如图 13-13 所示。单击"保存"按钮，弹出"导出 PNG"对话框，如图 13-14 所示。

图 13-13　　　　　　　　　　　　　　　　　　　图 13-14

"宽"和"高"选项：设置 PNG 图片的尺寸。

"分辨率"选项：设置导出图片的分辨率，并且让 Animate CC 2019 根据图形的大小自动计算宽度和高度。

"包含"下拉列表框：可以设置导出图片的区域大小。

"颜色"下拉列表框：设置导出图像的颜色数量。

"平滑"复选框：勾选此复选框，对输出的 PNG 图片进行平滑处理。

13.4.3 发布设置

选择"文件 > 发布"命令，在 FLA 文件所在的文件夹中生成与 FLA 文件同名的 SWF 文件和 HTML 文件，如图 13-15 所示。

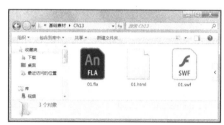

图 13-15

如果要设置同时输出多种格式的动画作品，选择"文件 > 发布设置"命令，弹出"发布设置"对话框，如图 13-16 所示。在默认状态下，只有两种发布格式。可以勾选左侧的复选框，对话框的右侧会出现相应格式的选项卡，如图 13-17 所示。

图 13-16

图 13-17

可以在每种格式右侧的"输出名称"文本框中为文件重新命名。单击"选择发布目标"按钮 📂，可以为文件重新设置要发布的文件夹。

在"发布设置"对话框中完成设置后，单击"确定"按钮，并不会发布文件，只有单击"发布"按钮才能发布文件。

13.4.4 发布格式

Animate CC 2019 能够发布多种格式的文件，下面介绍几种常用格式文件的参数设置。

1. Flash（.swf）

Flash（.swf）文件格式是网络上流行的动画格式。在"发布设置"对话框中勾选"Flash（.swf）"复选框，可以切换到"Flash（.swf）"选项卡，其默认设置如图 13-18 所示。

2. SWC

SWC 文件格式用于分发组件，该文件格式包含了编译剪辑、组件的 ActionScript 类文件以及描述组件的其他文件，其默认设置如图 13-19 所示。

图 13-18　　　　　　　　　　　　　　　图 13-19

3. HTML 包装器

HTML 文件用于在网页中引导和播放 Animate 动画作品。如果要在网页上播放 Animate 动画，需要创建一个能激活动画并指定浏览器设置的 HTML 文件。在"发布设置"对话框中勾选"HTML 包装器"复选框，切换到"HTML 包装器"选项卡，其默认设置如图 13-20 所示。

4. GIF 图像

Animate CC 2019 可以将动画发布为 GIF 格式的动画，这样不使用任何插件就可以观看动画。但 GIF 格式的动画不属于矢量动画，不能随意无损地放大或缩小，而且动画中的声音和动作都会失效。在"发布设置"对话框中勾选"GIF 图像"复选框，切换到"GIF 图像"选项卡，其默认设置如图 13-21 所示。

图 13-20　　　　　　　　　　　　　　　图 13-21

5. JPEG 图像

在"发布设置"对话框中勾选"JPEG 图像"复选框，切换到"JPEG 图像"选项卡，其默认设置如图 13-22 所示。

6. PNG 图像

PNG 文件格式是一种可以跨平台支持透明度的图像格式。在"发布设置"对话框中单击 "PNG 图像"复选框，切换到"PNG 图像"选项卡，其默认设置如图 13-23 所示。

图 13-22   图 13-23

7. OAM 包

带动画组件的 OAM（.oam）文件可以从 ActionScript、WebGL 或 HTML5 Canvas 中的 Animate 内导出，而 Animate 生成的 OAM 文件可以在 Dreamweaver、Muse 和 InDesign 中使用。在"发布设置"对话框中勾选"OAM 包"复选框，切换到"OAM 包"选项卡，其默认设置如图 13-24 所示。

8. SVG 图像

SVG 是一种基于 XML 的图像文件格式，又称为可伸缩矢量图形。可伸缩矢量图形在缩放和改变尺寸的情况下图像质量保持不变，在任何分辨率下都可以高质量地打印出来。与 JPEG 和 GIF 图像相比，SVG 图像的可压缩性更强，尺寸更小。同时可伸缩矢量图形又是可交互和动态的，可以嵌入动画元素或通过脚本来定义动画，可以用于网页、印刷及移动设备。在"发布设置"对话框中勾选"SVG 图像"复选框，切换到"SVG 图像"选项卡，其默认设置如图 13-25 所示。

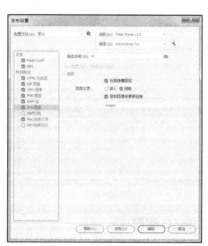

图 13-24   图 13-25

9. SWF 归档

SWF 归档文件是 Animate CC 2019 新发布的一种格式文件，与 SWF 文件不同，它可以将不同的图层作为单独的 SWF 文件进行打包，再导入 Adobe After Effects 中快速设计动画。在"发布设置"对话框中勾选"SWF 归档"复选框，切换到"SWF 归档"选项卡，其默认设置如图 13-26 所示。

图 13-26

13.4.5　转换为 HTML5 Canvas

如果想要将在 Animate CC 2019 中制作的旧版动画转换为 HTML5 动画，可以通过以下两种方式转换。

1. 使用复制图层的方式转换

打开要转换的动画文件，在"时间轴"面板中选中图层，在任意一个图层名称上单击鼠标右键，在弹出的快捷菜单中选择"拷贝图层"命令，复制选中的图层。

新建一个 HTML5 Canvas 文档，在"时间轴"面板中的图层名称上单击鼠标右键，在弹出的快捷菜单中选择"粘贴图层"命令，粘贴复制的图层。

2. 使用菜单命令转换

打开要转换的动画文件，选择"文件 > 转换为 > HTML5 Canvas"命令，如图 13-27 所示，即可将 ActionScript 3.0 文档转为 HTML5 文档。

图 13-27

13.4.6　针对 HTML5 的发布

HTML5 是构建网页内容的一种语言描述方式，是创建网页内容的最新标准。在 Animate CC 2019 中，选择 HTML5 Canvas 文档类型，可以进入 HTML5 发布环境。

选择"文件 > 发布设置"命令，弹出"发布设置"对话框，如图 13-28 所示。在对话框中进行设置，单击"发布"按钮，即可发布文件。

图 13-28

Chapter

14

第 14 章
商业案例实训

本章将结合多个应用领域商业案例的实际应用，通过案例分析、案例设计和案例制作，进一步讲解 Animate CC 2019 强大的应用功能和制作技巧。读者在学习了商业案例并完成大量课堂练习和课后习题后，可以快速地掌握商业动画设计的理念和软件的技术要点，从而设计制作出专业的动画作品。

课堂学习目标

- 掌握软件的基础知识和使用方法
- 了解 Animate 的常用设计领域
- 掌握 Animate 在不同设计领域的使用技巧

14.1 制作教师节小动画

14.1.1 案例分析

Circle 是一个以文字、图片、动画、短视频等多媒体形式实现信息即时分享、传播互动的平台，通过优质的服务得到了广泛的认可。教师节来临之际，为庆祝教师节及提高平台知名度，需要制作一款公众号宣传动画，要求能够适用于平台头图传播，以"感恩教师节"为主题，内容明确清晰，能够展现平台特色。

在设计制作过程中，选择以黄色作为动画的主体颜色，可以给人一种温馨、细腻的感受；画面整体以插画的形式表现，人物形象与书籍相呼应，画面简洁、明晰；标题的设计准确地表现了宣传主题，添加礼花纹样作为动画装饰，使画面更具新意和特色；画面整体干净、整洁，可以使浏览者在接收信息的同时体会到观看的快乐；整个画面具有祝福的寓意，充满浓厚的韵味。

本案例将使用"新建元件"命令和"文本"工具制作文字图形元件，使用"时间轴"面板、"任意变形"工具和"变形"面板制作人物动画效果，使用"动画预设"面板制作文字动画效果，使用"创建传统补间"命令制作补间动画，使用"属性"面板改变元件的颜色使标志产生阴影效果。

14.1.2 案例设计

本案例的效果如图 14-1 所示。

图 14-1

制作教师节小动画

14.1.3 案例制作

1. 导入素材并制作图形元件

STEP 1 在欢迎页的"详细信息"选项组中将"宽"选项设为 900，"高"选项设为 500，在"平台类型"下拉列表框中选择"ActionScript 3.0"选项，单击"创建"按钮，完成文档的创建。按 Ctrl+J 组合键，弹出"文档设置"对话框，将"舞台颜色"设为黄色（#EDB800），单击"确定"按钮，完成舞台颜色的修改。

STEP 2 选择"文件 > 导入 > 导入到库"命令，在弹出的"导入到库"对话框中选择资源包中的"Ch14 > 素材 > 制作教师节小动画 > 01 ～ 06"文件，单击"打开"按钮，将文件导入"库"面板中，如图 14-2 所示。

STEP 3 按 Ctrl+F8 组合键，弹出"创建新元件"对话框。在"名称"文本框中输入"文字 1"，在"类型"下拉列表框中选择"图形"选项，如图 14-3 所示。单击"确定"按钮，新建图形元件"文字 1"，如图 14-4 所示，舞台窗口也随之转换为图形元件的舞台窗口。

图 14-2

图 14-3

图 14-4

STEP 4 将"库"面板中的位图"01"拖曳到舞台窗口中，并放置在适当的位置，如图 14-5 所示。用相同的方法分别将"库"面板中的位图"04"和"06"制作成图形元件"图形"和"装饰"，如图 14-6 和图 14-7 所示。

图 14-5

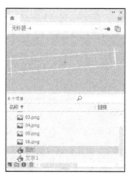
图 14-6

图 14-7

STEP 5 在"库"面板中新建一个图形元件"文字 2"，舞台窗口也随之转换为图形元件的舞台窗口。选择"文本"工具 T，在其"属性"面板中进行设置，在舞台窗口中适当的位置输入大小为 19、字体为"Arial Rounded MT"的白色文字，效果如图 14-8 所示。

STEP 6 选择"选择"工具 ▶，在舞台窗口中选中文字，按 Ctrl+T 组合键，弹出"变形"面板，将"旋转"选项设为 - 2，效果如图 14-9 所示。

图 14-8

图 14-9

STEP 7 在"库"面板中新建一个图形元件"文字 3"，舞台窗口也随之转换为图形元件的舞台窗口。选择"文本"工具 T，在其"属性"面板中进行设置，在舞台窗口中适当的位置输入大小为 23、字体为"方正准圆简体"的白色文字，效果如图 14-10 所示。

STEP 8 选择"选择"工具 ▶，在舞台窗口中选中文字。按 Ctrl+T 组合键，弹出"变形"面板，将"旋转"选项设为 - 4.5，效果如图 14-11 所示。

图 14-10

图 14-11

2. 制作场景动画

STEP 1 单击舞台窗口左上方的"场景 1"按钮 场景 1 ，进入"场景 1"的舞台窗口。将"图层_1"重命名为"文字 1"，将"库"面板中的图形元件"文字 1"拖曳到舞台窗口中，并放置在舞台的中心位置，如图 14-12 所示。

STEP 2 保持"文字 1"实例的被选中状态，选择"窗口 > 动画预设"命令，弹出"动画预设"面板，单击"默认预设"文件夹左侧的三角图标，在"默认预设"文件夹中选择"脉搏"选项，如图 14-13 所示。单击"应用"按钮，"时间轴"面板如图 14-14 所示。选中"文字 1"图层的第 90 帧，按 F5 键插入普通帧。

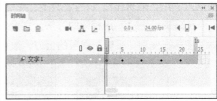

图 14-12   图 14-13   图 14-14

STEP 3 在"时间轴"面板中创建新图层，并将其命名为"装饰"。选中"装饰"图层的第 20 帧，按 F6 键插入关键帧。将"库"面板中的图形元件"装饰"拖曳到舞台窗口中，并放置在适当的位置，如图 14-15 所示。

STEP 4 选中"装饰"图层的第 30 帧，按 F6 键插入关键帧。选中"装饰"图层的第 20 帧，在舞台窗口中将"装饰"实例水平向左拖曳到适当的位置，如图 14-16 所示。

STEP 5 在图形"属性"面板中选择"色彩效果"选项组，在"样式"下拉列表框中选择"Alpha"选项，将其值设为 0，舞台窗口中的效果如图 14-17 所示。

图 14-15   图 14-16   图 14-17

STEP 6 用鼠标右键单击"装饰"图层的第 20 帧，在弹出的快捷菜单中选择"创建传统补间"命令，生成传统补间动画。

STEP 7 在"时间轴"面板中创建新图层，并将其命名为"身体"。选中"身体"图层的第 20 帧，按 F6 键插入关键帧。将"库"面板中的位图"02"拖曳到舞台窗口中，并放置在适当的位置，如图 14-18 所示。

STEP 8 在"时间轴"面板中创建新图层，并将其命名为"手臂"。选中"手臂"图层的第 20 帧，按 F6 键插入关键帧。将"库"面板中的位图"03"拖曳到舞台窗口中，并放置在适当的位置，如图 14-19 所示。

图 14-18

图 14-19

STEP 9 选择"任意变形"工具 ，选择手臂图像，手臂图像的周围出现控制框，如图 14-20 所示。将中心点拖曳到右下方控制点上，如图 14-21 所示。

STEP 10 分别选中"手臂"图层的第 30 帧、第 40 帧、第 50 帧、第 60 帧、第 70 帧、第 80 帧，按 F6 键插入关键帧。选中"手臂"图层的第 30 帧，按 Ctrl+T 组合键，弹出"变形"面板，将"旋转"选项设为－10，效果如图 14-22 所示。

STEP 11 用相同的方法分别设置"手臂"图层的第 50 帧、第 70 帧。在"时间轴"面板中将"身体"图层拖曳到"手臂"图层的上方，效果如图 14-23 所示。

图 14-20

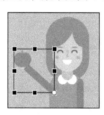
图 14-21

图 14-22

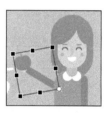
图 14-23

STEP 12 在"时间轴"面板中创建新图层，并将其命名为"文字 2"。选中"文字 2"图层的第 20 帧，按 F6 键插入关键帧。将"库"面板中的图形元件"文字 2"拖曳到舞台窗口中，并放置在适当的位置，如图 14-24 所示。

STEP 13 选中"文字 2"图层的第 30 帧，按 F6 键插入关键帧。选中"文字 2"图层的第 20 帧，在舞台窗口中选中"文字 2"实例，在图形"属性"面板中选择"色彩效果"选项组，在"样式"下拉列表框中选择"Alpha"选项，将其值设为 0，舞台窗口中的效果如图 14-25 所示。

STEP 14 用鼠标右键单击"文字 2"图层的第 20 帧，在弹出的快捷菜单中选择"创建传统补间"命令，生成传统补间动画。

STEP 15 在"时间轴"面板中创建新图层，并将其命名为"图形"。选中"图形"图层的第 20 帧，按 F6 键插入关键帧。将"库"面板中的图形元件"图形"拖曳到舞台窗口中，并放置在适当的位置，如图 14-26 所示。

STEP 16 选中"图形"图层的第 30 帧，按 F6 键插入关键帧。选中"图形"图层的第 20 帧，在舞台窗口中选中"图形"实例，在图形"属性"面板中选择"色彩效果"选项组，在"样式"下拉列表框中选择"Alpha"选项，将其值设为 0，舞台窗口中的效果如图 14-27 所示。

图 14-24

图 14-25

图 14-26

图 14-27

STEP 17 用鼠标右键单击"图形"图层的第 20 帧，在弹出的快捷菜单中选择"创建传统补间"命令，生成传统补间动画。

STEP 18 在"时间轴"面板中创建新图层，并将其命名为"文字 3"。选中"文字 3"图层的第 30 帧，按 F6 键插入关键帧。将"库"面板中的图形元件"文字 3"拖曳到舞台窗口中，并放置在适当的位置，如图 14-28 所示。

STEP 19 选中"文字 3"图层的第 40 帧，按 F6 键插入关键帧。选中"文字 3"图层的第 30 帧，在舞台窗口中选中"文字 3"实例，在图形"属性"面板中选择"色彩效果"选项组，在"样式"下拉列表框中选择"Alpha"选项，将其值设为 0，舞台窗口中的效果如图 14-29 所示。

STEP 20 用鼠标右键单击"文字 3"图层的第 30 帧，在弹出的快捷菜单中选择"创建传统补间"命令，生成传统补间动画。

STEP 21 在"时间轴"面板中创建新图层，并将其命名为"彩带"。选中"彩带"图层的第 20 帧，按 F6 键插入关键帧。将"库"面板中的位图"05"拖曳到舞台窗口中，并放置在适当的位置，如图 14-30 所示。

图 14-28

图 14-29

图 14-30

STEP 22 分别选中"彩带"图层的第 40 帧、第 60 帧、第 80 帧，按 F6 键插入关键帧。分别选中"彩带"图层的第 30 帧、第 50 帧、第 70 帧，按 F7 键插入空白关键帧，如图 14-31 所示。教师节小动画制作完成，按 Ctrl+Enter 组合键即可查看效果。

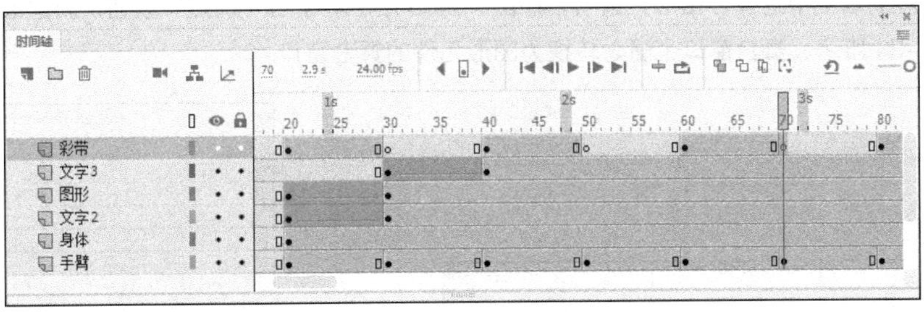

图 14-31

14.2 制作美食类微信公众号横版海报

14.2.1 案例分析

如今，快节奏的都市生活已成为常态，而快餐的出现为人们提供了新的用餐方式。快餐以其省时、方便等特点，迅速成为一种新的生活方式。本案例是为美食类微信公众号制作横版海报，要求表现出快餐的重要元素，并体现出快餐的特点和优势。

整个画面中蓝色与黄色相互衬托，给人舒适、惬意、心情愉悦的感觉。在设计过程中，通过各种工具和命令对文字进行有趣的动画设计，目的是使海报营造出一种轻松的氛围。再通过食物和装饰元素充分体现出周末时光的欢乐、舒适和喜悦。

本案例将使用"文本"工具输入文字，使用"新建元件"命令制作图形元件和影片剪辑元件，使用"属性"面板为影片剪辑元件添加投影效果，使用"钢笔"工具绘制装饰图形，使用"创建传统补间"命令制作动画效果，使用"属性"面板调整元件的透明度。

14.2.2 案例设计

本案例的效果如图 14-32 所示。

图 14-32

制作美食类微信
公众号横版海报

14.2.3 案例制作

1. 新建文档并制作图形元件

STEP 1 在欢迎页的"详细信息"选项组中将"宽"选项设为 900，"高"选项设为 500，在"平台类型"下拉列表框中选择"ActionScript 3.0"选项，单击"创建"按钮，完成文档的创建。按 Ctrl+J 组合键，弹出"文档设置"对话框，将"舞台颜色"设为淡绿色（#6BF1EF），单击"确定"按钮，完成舞台颜色的修改。

STEP 2 按 Ctrl+F8 组合键，弹出"创建新元件"对话框，在"名称"文本框中输入"文字 1"，在"类型"下拉列表框中选择"图形"选项，如图 14-33 所示。单击"确定"按钮，新建图形元件"文字1"，如图 14-34 所示，舞台窗口也随之转换为图形元件的舞台窗口。

图 14-33

图 14-34

STEP 3 选择"文本"工具 T，在其"属性"面板中进行设置。在舞台窗口中适当的位置输入大小为 74、字体为"方正兰亭纤黑简体"的黄色（#FFEF00）文字，效果如图 14-35 所示。

STEP 4 按 Ctrl+F8 组合键，弹出"创建新元件"对话框。在"名称"文本框中输入"文字 2"，在"类型"下拉列表框中选择"影片剪辑"选项，单击"确定"按钮，新建影片剪辑元件"文字 2"，如图 14-36 所示，舞台窗口也随之转换为影片剪辑元件的舞台窗口。

图 14-35

图 14-36

STEP 5 选择"文本"工具 T ，在其"属性"面板中进行设置。在舞台窗口中适当的位置输入大小为 114、字母间距为-2、字体为"方正正大黑简体"的白色文字，效果如图 14-37 所示。

STEP 6 按 Ctrl+F8 组合键，弹出"创建新元件"对话框。在"名称"文本框中输入"文字 3"，在"类型"下拉列表框中选择"图形"选项，单击"确定"按钮，新建图形元件"文字 3"，舞台窗口也随之转换为图形元件的舞台窗口。

STEP 7 选择"文本"工具 T ，在其"属性"面板中进行设置。在舞台窗口中适当的位置输入大小为 46、字母间距为-4、字体为"方正兰亭细黑简体"的深灰色（#4C3C10）文字，效果如图 14-38 所示。

图 14-37

图 14-38

STEP 8 按 Ctrl+F8 组合键，弹出"创建新元件"对话框。在"名称"文本框中输入"圆动"，在"类型"下拉列表框中选择"影片剪辑"选项，单击"确定"按钮，新建影片剪辑元件"圆动"，如图 14-39 所示，舞台窗口也随之转换为影片剪辑元件的舞台窗口。

STEP 9 选择"基本椭圆"工具，在工具箱中将"笔触颜色"设为无，"填充颜色"设为黄色（#FFEF00），按住 Shift 键的同时在舞台窗口中绘制一个圆形，如图 14-40 所示。

STEP 10 保持圆形的选中状态，在椭圆图元"属性"面板中将"宽"选项和"高"选项均设为 254，将"X"选项和"Y"选项均设为-127，如图 14-41 所示，效果如图 14-42 所示。

图 14-39

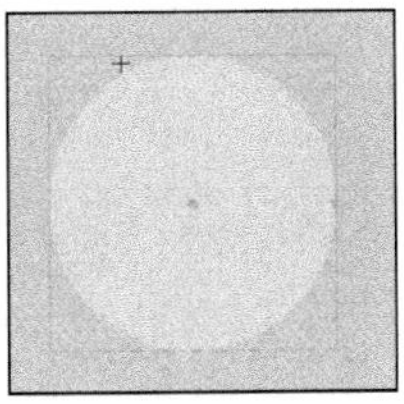

图 14-40

图 14-41

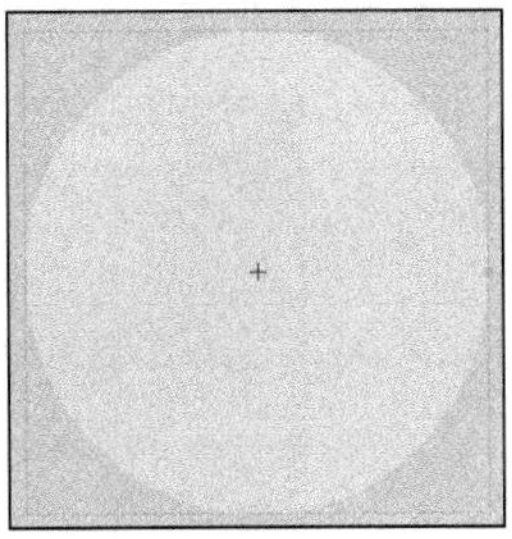

图 14-42

STEP 11 按 Ctrl+F8 组合键，在弹出的"转换为元件"对话框中进行设置，如图 14-43 所示。单击"确定"按钮，将圆形转换为图形元件，如图 14-44 所示。

图 14-43   图 14-44

STEP 12 分别选中"图层_1"的第 30 帧、第 60 帧，按 F6 键插入关键帧。选中"图层_1"的第 30 帧，按 Ctrl+T 组合键，弹出"变形"面板，将"缩放宽度"选项和"缩放高度"选项均设为 90%，如图 14-45 所示，效果如图 14-46 所示。

STEP 13 分别用鼠标右键单击"图层_1"的第 1 帧、第 30 帧，在弹出的快捷菜单中选择"创建传统补间"命令，生成传统补间动画，如图 14-47 所示。

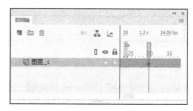

图 14-45   图 14-46   图 14-47

2. 制作场景动画

STEP 1 单击舞台窗口左上方的"场景 1"按钮 场景 1，进入"场景 1"的舞台窗口。将"图层_1"重命名为"底图"，按 Ctrl+R 组合键，在弹出的"导入"对话框中，选择资源包中的"Ch14 > 素材 > 制作美食类微信公众号横版海报 > 01"文件，单击"打开"按钮，将文件导入舞台窗口中，如图 14-48 所示。选中"底图"图层的第 90 帧，按 F5 键插入普通帧。

STEP 2 在"时间轴"面板中创建新图层，并将其命名为"圆形"。将"库"面板中的影片剪辑元件"圆动"拖曳到舞台窗口中，并放置在适当的位置，如图 14-49 所示。

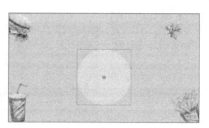

图 14-48   图 14-49

STEP 3 在"时间轴"面板中创建新图层,并将其命名为"文字 1"。将"库"面板中的图形元件"文字 1"拖曳到舞台窗口中,并放置在适当的位置,如图 14-50 所示。选中"文字 1"图层的第 15 帧,按 F6 键插入关键帧。

STEP 4 选中"文字 1"图层的第 1 帧,在舞台窗口中将"文字 1"实例垂直向上拖曳到适当的位置,如图 14-51 所示。

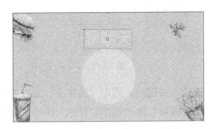

图 14-50

图 14-51

STEP 5 保持"文字 1"实例的选中状态,在图形"属性"面板"色彩效果"选项组的"样式"下拉列表框中选择"Alpha"选项,将其值设为 0,如图 14-52 所示,舞台窗口中的效果如图 14-53 所示。

图 14-52

图 14-53

STEP 6 用鼠标右键单击"文字 1"图层的第 1 帧,在弹出的快捷菜单中选择"创建传统补间"命令,生成传统补间动画,如图 14-54 所示。

STEP 7 在"时间轴"面板中创建新图层,并将其命名为"文字 2"。选中"文字 2"图层的第 5帧,按 F6 键插入关键帧。将"库"面板中的图形元件"文字 2"拖曳到舞台窗口中,并放置在适当的位置,如图 14-55 所示。

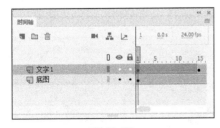

图 14-54

图 14-55

STEP 8 保持"文字 2"实例的选中状态,在"属性"面板中单击"滤镜"选项组中的"添加滤镜"按钮，在弹出的下拉列表中选择"投影"选项,各选项的设置如图 14-56 所示,效果如图 14-57所示。

图 14-56

图 14-57

STEP 9 选中"文字 2"图层的第 20 帧，按 F6 键插入关键帧。选中"文字 2"图层的第 5 帧，在舞台窗口中选中"文字 2"实例，在图形"属性"面板"色彩效果"选项组的"样式"下拉列表框中选择"Alpha"选项，将其值设为 0，如图 14-58 所示，舞台窗口中的效果如图 14-59 所示。

图 14-58

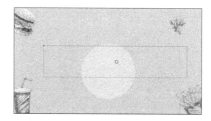

图 14-59

STEP 10 用鼠标右键单击"文字 2"图层的第 5 帧，在弹出的快捷菜单中选择"创建传统补间"命令，生成传统补间动画。

STEP 11 在"时间轴"面板中创建新图层，并将其命名为"文字 3"。选中"文字 3"图层的第 10 帧，按 F6 键插入关键帧。将"库"面板中的图形元件"文字 3"拖曳到舞台窗口中，并放置在适当的位置，如图 14-60 所示。选中"文字 3"图层的第 20 帧，按 F6 键插入关键帧。

STEP 12 选中"文字 3"图层的第 10 帧，在舞台窗口中将"文字 3"实例垂直向下拖曳到适当的位置，如图 14-61 所示。在图形"属性"面板"色彩效果"选项组的"样式"下拉列表中选择"Alpha"选项，将其值设为 0。

图 14-60

图 14-61

STEP 13 用鼠标右键单击"文字 3"图层的第 10 帧，在弹出的快捷菜单中选择"创建传统补间"命令，生成传统补间动画。

3. 制作装饰动画

STEP 1 在"时间轴"面板中创建新图层，并将其命名为"左装饰"。选中"左装饰"图层的第 10 帧，按 F6 键插入关键帧。选择"钢笔"工具 ✐，在其"属性"面板中将"笔触颜色"设为白色，"笔 触"宽度设为 4，"端点"选项设为"无"，单击"对象绘制"按钮 ▣，其他设置如图 14-62 所示。在舞 台窗口中绘制一条开放路径，如图 14-63 所示。

图 14-62

图 14-63

STEP 2 选择"选择"工具，选中绘制的路径，如图 14-64 所示。按 Ctrl+F8 组合键，在弹出的 "转换为元件"对话框中进行设置，如图 14-65 所示。单击"确定"按钮，将选中的路径转换为图形元件 "装饰"。

图 14-64

图 14-65

STEP 3 选中"左装饰"图层的第 20 帧，按 F6 键插入关键帧。选中"左装饰"图层的第 10 帧， 在舞台窗口中选中"装饰"实例，在图形"属性"面板"色彩效果"选项组的"样式"下拉列表框中选择 "Alpha"选项，将其值设为 0，如图 14-66 所示，舞台窗口中的效果如图 14-67 所示。

图 14-66

图 14-67

STEP 4 用鼠标右键单击"左装饰"图层的第 10 帧，在弹出的快捷菜单中选择"创建传统补间"命令，生成传统补间动画。

STEP 5 在"时间轴"面板中创建新图层，并将其命名为"右装饰"。选中"右装饰"图层的第 10 帧，按 F6 键插入关键帧。将"库"面板中的图形元件"装饰"拖曳到舞台窗口中，并放置在适当的位置，如图 14-68 所示。选择"修改 > 变形 > 水平翻转"命令，将"装饰"实例水平翻转，效果如图 14-69 所示。

图 14-68 　　　　　　　　　　　　　　　　图 14-69

STEP 6 选中"右装饰"图层的第 20 帧，按 F6 键插入关键帧。选中"右装饰"图层的第 10 帧，在舞台窗口中选中"装饰"实例，在图形"属性"面板"色彩效果"选项组的"样式"下拉列表框中选择"Alpha"选项，将其值设为 0，如图 14-70 所示，舞台窗口中的效果如图 14-71 所示。

STEP 7 用鼠标右键单击"右装饰"图层的第 10 帧，在弹出的快捷菜单中选择"创建传统补间"命令，生成传统补间动画。美食类微信公众号横版海报制作完成，按 Ctrl+Enter 组合键即可查看效果，如图 14-72 所示。

图 14-70 　　　　　　　　　图 14-71 　　　　　　　　　图 14-72

14.3 制作节日类动态海报

14.3.1 案例分析

农历正月初一是春节，这是我国民间最隆重、最热闹的一个传统节日。本案例的春节海报要表现出春节喜庆、祥和的气氛，把吉祥和祝福送给亲友。

在制作过程中，使用红色的背景烘托出热闹、喜庆的节日氛围，再添加新春祝福语和鼓，体现出锣鼓喧天、热闹非凡的春节特色。在表现形式上，打鼓动画可以增强画面的喜庆和活泼感。

本案例将使用"导入到库"命令导入素材文件，使用"转换为元件"命令将图像转换为图形元件，使用"变形"面板、"属性"面板和"创建传统补间"命令制作敲鼓动画。

14.3.2　案例设计

本案例的效果如图 14-73 所示。

制作节日类动态海报

图 14-73

14.3.3　案例制作

STEP☆1 在欢迎页的"详细信息"选项组中将"宽"选项设为 1242，"高"选项设为 2208，在"平台类型"下拉列表框中选择"ActionScript 3.0"选项，单击"创建"按钮，完成文档的创建。

STEP☆2 选择"文件 > 导入 > 导入到库"命令，在弹出的"导入到库"对话框中选择资源包中的"Ch14 > 素材 > 制作节日类动态海报 > 01 ~ 03"文件，单击"打开"按钮，将文件导入"库"面板中，如图 14-74 所示。

STEP☆3 将"图层_1"重命名为"底图"，将"库"面板中的位图"01"拖曳到舞台窗口的中心位置，如图 14-75 所示。选中"底图"图层的第 20 帧，按 F5 键插入普通帧。

STEP☆4 在"时间轴"面板中创建新图层，并将其命名为"鼓棒 1"。将"库"面板中的位图"03"拖曳到舞台窗口中，并放置在适当的位置，如图 14-76 所示。

图 14-74

图 14-75

图 14-76

STEP☆5 保持图像的被选中状态，按 Ctrl+F8 组合键，在弹出的"转换为元件"对话框中进行设置，如图 14-77 所示。单击"确定"按钮，将其转换为图形元件，如图 14-78 所示。

图 14-77　　　　　　　　　　　　　　　　图 14-78

STEP　6 分别选中"鼓棒 1"图层的第 5 帧、第 10 帧，按 F6 键插入关键帧。选中"鼓棒 1"图层的第 5 帧，在舞台窗口中将"鼓棒"实例拖曳到适当的位置，如图 14-79 所示。

STEP　7 分别用鼠标右键单击"鼓棒 1"图层的第 1 帧、第 5 帧，在弹出的快捷菜单中选择"创建传统补间"命令，生成传统补间动画。

STEP　8 在"时间轴"面板中创建新图层，并将其命名为"响花 1"。选中"响花 1"图层的第 5 帧，按 F6 键插入关键帧。将"库"面板中的位图"02"拖曳到舞台窗口中，并放置在适当的位置，如图 14-80 所示。

STEP　9 保持图像的被选中状态，按 Ctrl+F8 组合键，在弹出的"转换为元件"对话框中进行设置，如图 14-81 所示。单击"确定"按钮，将其转换为图形元件。

图 14-79　　　　　　　　　　图 14-80　　　　　　　　　　图 14-81

STEP　10 选中"响花 1"图层的第 8 帧，按 F6 键插入关键帧。按 Ctrl+T 组合键，弹出"变形"面板，将"缩放宽度"选项和"缩放高度"选项均设为 120%，效果如图 14-82 所示。

STEP　11 在图形"属性"面板"色彩效果"选项组的"样式"下拉列表框中选择"Alpha"选项，将其值设为 0，如图 14-83 所示，舞台窗口中的效果如图 14-84 所示。

图 14-82　　　　　　　　　　图 14-83　　　　　　　　　　图 14-84

STEP 12 用鼠标右键单击"响花 1"图层的第 5 帧，在弹出的快捷菜单中选择"创建传统补间"命令，生成传统补间动画。将"鼓棒 1"图层拖曳到"响花 1"图层的上方，如图 14-85 所示，效果如图 14-86 所示。

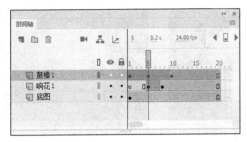

图 14-85　　　　　　　　　　　　　　　　　　　图 14-86

STEP 13 在"时间轴"面板中创建新图层，并将其命名为"鼓棒 2"。将"库"面板中的图形元件"鼓棒"拖曳到舞台窗口中，如图 14-87 所示。选择"修改 > 变形 > 水平翻转"命令，将其水平翻转，效果如图 14-88 所示。

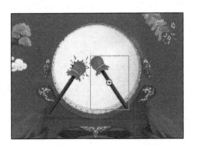

图 14-87　　　　　　　　　　　　　　　　　　　图 14-88

STEP 14 选择"选择"工具 ▶，在舞台窗口中将右侧的"鼓棒"实例拖曳到适当的位置，如图 14-89 所示。分别选中"鼓棒 2"图层的第 10 帧、第 15 帧、第 20 帧，按 F6 键插入关键帧。选中"鼓棒 2"图层的第 15 帧，将舞台窗口中的"鼓棒"实例拖曳到适当的位置，如图 14-90 所示。

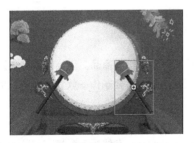

图 14-89　　　　　　　　　　　　　　　　　　　图 14-90

STEP 15 分别用鼠标右键单击"鼓棒 2"图层的第 10 帧、第 15 帧，在弹出的快捷菜单中选择"创建传统补间"命令，生成传统补间动画。

STEP 16 在"时间轴"面板中创建新图层，并将其命名为"响花 2"。选中"响花 2"图层的第 15 帧，按 F6 键插入关键帧。将"库"面板中的图形元件"响花"拖曳到舞台窗口中，并放置在适当的位置，如图 14-91 所示。

STEP 17 选中"响花 2"图层的第 18 帧，按 F6 键插入关键帧。按 Ctrl+T 组合键，弹出"变形"

面板，将"缩放宽度"选项和"缩放高度"选项均设为120%，效果如图14-92所示。在图形"属性"面板"色彩效果"选项组的"样式"下拉列表框中选择"Alpha"选项，将其值设为0，舞台窗口中的效果如图14-93所示。

图14-91 图14-92 图14-93

STEP 18 用鼠标右键单击"响花2"图层的第15帧，在弹出的快捷菜单中选择"创建传统补间"命令，生成传统补间动画。

STEP 19 在"时间轴"面板中将"响花2"图层拖曳到"鼓棒2"图层的下方，如图14-94所示，效果如图14-95所示。节日类动态海报制作完成，按Ctrl+Enter组合键即可查看效果。

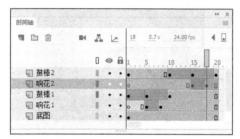 

图14-94 图14-95

14.4 制作空调扇广告

14.4.1 案例分析

戴森尔是一家综合网上购物商城，销售计算机、家居百货等多种优质商品。现推出新型变频空调扇，兼具送风、制冷、加湿等多种功能，为了更好地宣传与推广此产品，需要制作一款宣传广告，借助广告动画的形式表现出产品的特点和品牌的特色。

在设计制作过程中，通过实景背景营造出家的氛围，给人一种亲切舒适的感觉；通过树叶动画体现产品净化空气的功能；将产品放置在画面中的重要位置，着重突出产品；字体的色彩搭配与背景相得益彰，可以起到强化的效果，从而达到宣传的目的。

本案例将使用"导入到库"命令导入素材，使用"新建元件"命令和"文本"工具制作图形元件，使用"分散到图层"命令制作功能动画，使用"创建传统补间"命令制作补间动画，使用"属性"面板调整实例的透明度。

14.4.2 案例设计

本案例的效果如图14-96所示。

图 14-96

14.4.3　案例制作

1. 导入素材并制作图形元件

STEP 1 在欢迎页的"详细信息"选项组中将"宽"选项设为 1920，"高"选项设为 800，在"平台类型"下拉列表框中选择"ActionScript 3.0"选项，单击"创建"按钮，完成文档的创建。

制作空调扇广告 1

STEP 2 选择"文件 > 导入 > 导入到库"命令，在弹出的"导入到库"对话框中选择资源包中的"Ch14 > 素材 > 制作空调扇广告 > 01 ~ 03"文件，单击"打开"按钮，将文件导入"库"面板中，如图 14-97 所示。

STEP 3 按 Ctrl+F8 组合键，弹出"创建新元件"对话框，在"名称"文本框中输入"空调"，在"类型"下拉列表框中选择"图形"选项，单击"确定"按钮，新建图形元件"空调"，如图 14-98 所示，舞台窗口也随之转换为图形元件的舞台窗口。将"库"面板中的位图"02"拖曳到舞台窗口中，并放置在适当的位置，如图 14-99 所示。

图 14-97

图 14-98

图 14-99

STEP 4 在"库"面板中新建一个图形元件"树叶"，如图 14-100 所示，舞台窗口也随之转换为图形元件的舞台窗口。将"库"面板中的位图"03"拖曳到舞台窗口中，并放置在适当的位置，如图 14-101 所示。

STEP 5 在"库"面板中新建一个图形元件"文字 1"，如图 14-102 所示，舞台窗口也随之转换为图形元件的舞台窗口。选择"文本"工具 T，在其"属性"面板中进行设置，在舞台窗口中适当的位置输入大小为 90、字体为"方正兰亭大黑简体"的蓝色（#02709D）文字，效果如图 14-103 所示。

STEP 6 在"库"面板中新建一个图形元件"文字 2"，如图 14-104 所示，舞台窗口也随之转换为图形元件的舞台窗口。选择"文

图 14-100

本"工具 T，在其"属性"面板中进行设置，在舞台窗口中适当的位置输入大小为 65、字体为"方正兰亭大黑简体"的蓝色（#02709D）文字，效果如图 14-105 所示。用相同的方法制作图形元件"文字 3"，效果如图 14-106 所示。

图 14-101	图 14-102	图 14-103

图 14-104	图 14-105	图 14-106

STEP 7 在"库"面板中新建一个图形元件"智能调节"，舞台窗口也随之转换为图形元件的舞台窗口。选择"基本矩形"工具 ▭，在工具箱中将"笔触颜色"设为无，"填充颜色"设为橙黄色（#F53F00），在舞台窗口中绘制一个矩形。

STEP 8 选择"选择"工具 ▶，在舞台窗口中选中矩形，在矩形图元"属性"面板中将"宽"选项设为 78，"高"选项设为 37，"X"选项和"Y"选项均设为 0，"矩形边角半径"选项设为 5，如图 14-107 所示，效果如图 14-108 所示。

STEP 9 选择"文本"工具 T，在其"属性"面板中进行设置，在舞台窗口中适当的位置输入大小为 16、字体为"方正准圆简体"的白色文字，效果如图 14-109 所示。

图 14-107	图 14-108	图 14-109

STEP 10 用上述的方法制作"送风温和""超低噪声""高倍净化"图形元件，如图 14-110、图 14-111 和图 14-112 所示。

图 14-110　　　　　　　　图 14-111　　　　　　　　图 14-112

2. 制作影片剪辑元件

STEP 1 在"库"面板中新建一个影片剪辑元件"树叶动"，如图 14-113 所示，舞台窗口也随之转换为影片剪辑元件的舞台窗口。将"库"面板中的图形元件"树叶"拖曳到舞台窗口中，并放置在适当的位置，如图 14-114 所示。

制作空调扇广告 2

图 14-113　　　　　　　　　　图 14-114

STEP 2 选中"图层_1"的第 40 帧，按 F6 键插入关键帧。将舞台窗口中的"树叶"实例拖曳到适当的位置，如图 14-115 所示。在图形"属性"面板"色彩效果"选项组的"样式"下拉列表框中选择"Alpha"选项，将其值设为 0，舞台窗口中的效果如图 14-116 所示。

STEP 3 用鼠标右键单击"图层_1"的第 1 帧，在弹出的快捷菜单中选择"创建传统补间"命令，生成传统补间动画。

图 14-115　　　　　　　　　　图 14-116

STEP 4 在"库"面板中新建一个影片剪辑元件"文字动"，如图 14-117 所示，舞台窗口也随之转换为影片剪辑元件的舞台窗口。分别将"库"面板中的图形元件"智能空调""超低噪声""送风温和""高倍净化"拖曳到舞台窗口中，并放置在适当的位置，如图 14-118 所示。

图 14-117   图 14-118

STEP 5 按 Ctrl+A 组合键，将舞台窗口中的实例全部选中，如图 14-119 所示。按 Ctrl+K 组合键，弹出"对齐"面板，单击"垂直中齐"按钮 和"水平居中分布"按钮 ，效果如图 14-120 所示。

图 14-119   图 14-120

STEP 6 保持实例的选中状态，在图形"属性"面板中将"Y"选项设为 0。选择"修改 > 时间轴 > 分散到图层"命令，将所有实例分散到独立层，如图 14-121 所示。将"图层_1"删除，如图 14-122 所示。分别选中所有图层的第 10 帧、第 20 帧，按 F6 键插入关键帧，如图 14-123 所示。

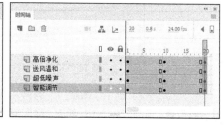

图 14-121   图 14-122   图 14-123

STEP 7 选中"高倍净化"图层的第 10 帧，在舞台窗口中将所有实例选中，在图形"属性"面板中将"Y"选项设为 66，如图 14-124 所示，效果如图 14-125 所示。

图 14-124   图 14-125

STEP 8 选中"高倍净化"图层的第 1 帧，在舞台窗口中选中所有实例，在图形"属性"面板"色彩效果"选项组的"样式"下拉列表框中选择"Alpha"选项，将其值设为 0，如图 14-126 所示，舞台窗口中的效果如图 14-127 所示。

图 14-126　　　　　　　　　　　　　图 14-127

STEP 9 分别用鼠标右键单击所有图层的第 1 帧，在弹出的快捷菜单中选择"创建传统补间"命令，生成传统补间动画，如图 14-128 所示。分别用鼠标右键单击所有图层的第 10 帧，在弹出的快捷菜单中选择"创建传统补间"命令，生成传统补间动画，如图 14-129 所示。

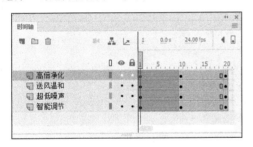

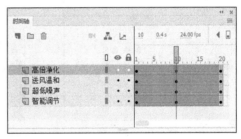

图 14-128　　　　　　　　　　　　　图 14-129

STEP 10 单击"超低噪声"图层的图层名称，选中该层中的所有帧，将所有帧向后拖曳至与"智能调节"图层隔 5 帧的位置，如图 14-130 所示。用同样的方法依次对其他图层进行操作，如图 14-131 所示。

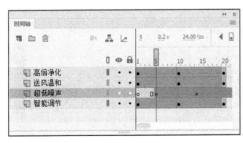

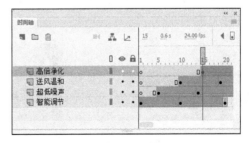

图 14-130　　　　　　　　　　　　　图 14-131

STEP 11 选中所有图层的第 35 帧，按 F5 键插入普通帧，如图 14-132 所示。在"时间轴"面板中创建新图层，并将其命名为"动作脚本"。选中"动作脚本"图层的第 35 帧，按 F6 键插入关键帧。选择"窗口 > 动作"命令，弹出"动作"面板，在面板中编写脚本，如图 14-133 所示。设置好动作脚本后，关闭"动作"面板。此时，在"动作脚本"图层的第 35 帧上显示出一个标记"a"。

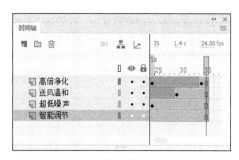

图 14-132

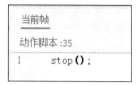

图 14-133

3. 制作场景动画

STEP 1 单击舞台窗口左上方的"场景 1"按钮 场景 1，进入"场景 1"的舞台
窗口。将"图层_1"重命名为"底图"，如图 14-134 所示。将"库"面板中的位图"01"
拖曳到舞台窗口的中心位置，如图 14-135 所示。选中"底图"图层的第 120 帧，按 F5 键
插入普通帧。

制作空调扇广告 3

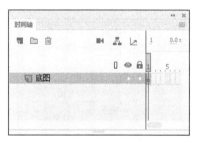

图 14-134

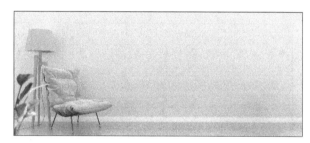

图 14-135

STEP 2 在"时间轴"面板中创建新图层，并将其命名为"空调"。将"库"面板中的图形元件
"空调"拖曳到舞台窗口中，并放置在适当的位置，如图 14-136 所示。

STEP 3 选中"空调"图层的第 10 帧，按 F6 键插入关键帧。选中"空调"图层的第 1 帧，在舞
台窗口中将"空调"实例水平向右拖曳到适当的位置，如图 14-137 所示。

图 14-136

图 14-137

STEP 4 在图形"属性"面板"色彩效果"选项组的"样式"下拉列表框中选择"Alpha"选项，
将其值设为 0，如图 14-138 所示，舞台窗口中的效果如图 14-139 所示。

STEP 5 用鼠标右键单击"空调"图层的第 1 帧，在弹出的快捷菜单中选择"创建传统补间"命
令，生成传统补间动画。

STEP 6 在"时间轴"面板中创建新图层，并将其命名为"树叶"。选中"树叶"图层的第 10
帧，按 F6 键插入关键帧。将"库"面板中的影片剪辑元件"树叶动"拖曳到舞台窗口中，并放置在适当的

位置，如图 14-140 所示。

图 14-138

图 14-139

STEP 7 在"时间轴"面板中创建新图层，并将其命名为"标志"。选中"标志"图层的第 1 帧，选择"文本"工具 T ，在其"属性"面板中进行设置，在舞台窗口中适当的位置输入大小为 57、字体为"方正兰亭中黑简体"的黑色文字，效果如图 14-141 所示。

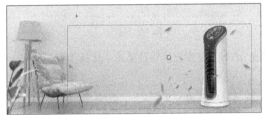

图 14-140

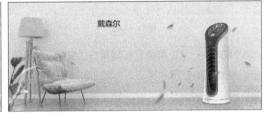

图 14-141

STEP 8 在"时间轴"面板中单击"标志"图层，将该图层中的文字选中，如图 14-142 所示。按 Ctrl+F8 组合键，在弹出的"转换为元件"对话框中进行设置，如图 14-143 所示。单击"确定"按钮，将选中的文字转换为图形元件"标志"。

图 14-142

图 14-143

STEP 9 选中"标志"图层的第 10 帧，按 F6 键插入关键帧。选中"标志"图层的第 1 帧，在舞台窗口中将"标志"实例水平向左拖曳到适当的位置，如图 14-144 所示。在图形"属性"面板"色彩效果"选项组的"样式"下拉列表框中选择"Alpha"选项，将其值设为 0，舞台窗口中的效果如图 14-145 所示。

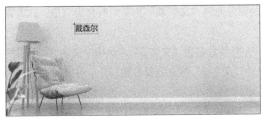

图 14-144

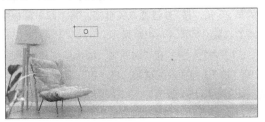

图 14-145

STEP10 用鼠标右键单击"标志"图层的第 1 帧，在弹出的快捷菜单中选择"创建传统补间"命令，生成传统补间动画。

STEP11 在"时间轴"面板中创建新图层，并将其命名为"文字 1"。选中"文字 1"图层的第 10 帧，按 F6 键插入关键帧。将"库"面板中的图形元件"文字 1"拖曳到舞台窗口中，并放置在适当的位置，如图 14-146 所示。

STEP12 选中"文字 1"图层的第 20 帧，按 F6 键插入关键帧。选中"文字 1"图层的第 10 帧，在舞台窗口中选中"文字 1"实例，在图形"属性"面板"色彩效果"选项组的"样式"下拉列表框中选择"Alpha"选项，将其值设为 0，舞台窗口中的效果如图 14-147 所示。

图 14-146

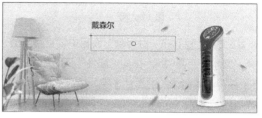
图 14-147

STEP13 用鼠标右键单击"文字 1"图层的第 10 帧，在弹出的快捷菜单中选择"创建传统补间"命令，生成传统补间动画。

STEP14 在"时间轴"面板中创建新图层，并将其命名为"文字 2"。选中"文字 2"图层的第 15 帧，按 F6 键插入关键帧。将"库"面板中的图形元件"文字 2"拖曳到舞台窗口中，并放置在适当的位置，如图 14-148 所示。

STEP15 选中"文字 2"图层的第 25 帧，按 F6 键插入关键帧。选中"文字 2"图层的第 15 帧，在舞台窗口中选中"文字 2"实例，在图形"属性"面板"色彩效果"选项组的"样式"下拉列表框中选择"Alpha"选项，将其值设为 0，舞台窗口中的效果如图 14-149 所示。

图 14-148

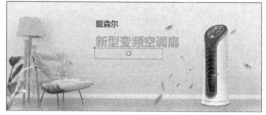
图 14-149

STEP16 用鼠标右键单击"文字 2"图层的第 15 帧，在弹出的快捷菜单中选择"创建传统补间"命令，生成传统补间动画。

STEP17 在"时间轴"面板中创建新图层，并将其命名为"动态文字"。选中"动态文字"图层的第 25 帧，按 F6 键插入关键帧。将"库"面板中的图形元件"文字动"拖曳到舞台窗口中，并放置在适当的位置，如图 14-150 所示。

STEP18 在"时间轴"面板中创建新图层，并将其命名为"文字 3"。选中"文字 3"图层的第 55 帧，按 F6 键插入关键帧。将"库"面板中的图形元件"文字 3"拖曳到舞台窗口中，并放置在适当的位置，如图 14-151 所示。

图 14-150

图 14-151

STEP 19 选中"文字 3"图层的第 65 帧，按 F6 键插入关键帧。选中"文字 3"图层的第 55 帧，在舞台窗口中将"文字 3"实例垂直向下拖曳到适当的位置，如图 14-152 所示。在图形"属性"面板"色彩效果"选项组的"样式"下拉列表框中选择"Alpha"选项，将其值设为 0，舞台窗口中的效果如图 14-153 所示。

图 14-152

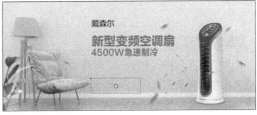

图 14-153

STEP 20 用鼠标右键单击"文字 3"图层的第 55 帧，在弹出的快捷菜单中选择"创建传统补间"命令，生成传统补间动画。空调扇广告制作完成，按 Ctrl+Enter 组合键即可查看效果，如图 14-154 所示。

图 14-154

14.5 课堂练习 1——制作电商平台 App 主页 Banner

练习知识要点

使用"导入到库"命令导入素材文件，使用"新建元件"命令和"文本"工具制作图形元件，使用"创建传统补间"命令制作补间动画，使用"属性"面板调整实例的透明度。电商平台 App 主页 Banner 效果如图 14-155 所示。

效果所在位置

资源包 > Ch14 > 效果 > 制作电商平台 App 主页 Banner.fla。

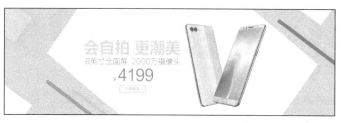

制作电商平台 App
主页 Banner 1

制作电商平台 App
主页 Banner 2

图 14-155

14.6 课堂练习 2——制作谈话节目片头

练习知识要点

使用"导入到库"命令和"新建元件"命令导入素材并制作图形元件，使用"变形"面板调整实例的大小及文字的角度，使用"属性"面板调整实例的透明度，使用"创建传统补间"命令制作动画效果。谈话节目片头效果如图 14-156 所示。

效果所在位置

资源包 > Ch14 > 效果 > 制作谈话节目片头.fla。

制作谈话节目
片头 1

制作谈话节目
片头 2

制作谈话节目
片头 3

制作谈话节目
片头 4

图 14-156

14.7 课后习题 1——制作影视动态标志

习题知识要点

使用"新建元件"命令、"矩形"工具和"颜色"面板制作高光元件，使用"转换为元件"命令将图形转换为元件，使用"创建传统补间"命令和"创建补间形状"命令制作标志动画，使用"文本"工具输入标志名称，使用"遮罩层"命令制作文字闪光效果。影视动态标志效果如图 14-157 所示。

效果所在位置

资源包 > Ch14 > 效果 > 制作影视动态标志.fla。

图 14-157

制作影视动态标志

14.8　课后习题 2——制作女鞋类电商广告

🔍 **习题知识要点**

使用"导入到库"命令和"新建元件"命令导入素材并制作图形元件，使用"文本"工具输入文本信息，使用"创建传统补间"命令制作补间动画，使用"属性"面板设置实例的不透明度及动画的旋转角度。女鞋类电商广告效果如图 14-158 所示。

🔍 **效果所在位置**

资源包 > Ch14 > 效果 > 制作女鞋类电商广告.fla。

图 14-158

制作女鞋类电商广告 1　　制作女鞋类电商广告 2